我心温柔，自有力量

张德芬／主编

北京联合出版公司
Beijing United Publishing Co.,Ltd.

图书在版编目（CIP）数据

我心温柔，自有力量 / 张德芬主编. —北京：北京联合出版公司，2016.5（2018.3重印）
ISBN 978-7-5502-7438-9

Ⅰ. ①我… Ⅱ. ①张… Ⅲ. ①人生哲学—青年读物 Ⅳ. ①B821-49

中国版本图书馆CIP数据核字（2016）第067383号

我心温柔，自有力量
主　　编：张德芬
责任编辑：牛炜征
特约策划：张德芬空间　新果文化
执行编辑：刘　丹　成　果　紫　薇　卢　琛
产品经理：韩　烨　七　月

北京联合出版公司出版
（北京市西城区德外大街83号楼9层　100088）
北京盛通印刷股份有限公司印刷　新华书店经销
字数156千字　880毫米×1230毫米　1/32　印张7.5
2016年5月第1版　2018年3月第5次印刷

ISBN 978-7-5502-7438-9
定价：38.00元

序　言

生活中打动我们的，往往是那些小而美的事物：一个深情的拥抱、一束蓬勃的鲜花、一张充满生气的笑脸……正是这些美好的瞬间，决定了我们人生的幸福感。如何能够让这样的瞬间越来越丰厚，让它闪耀的光芒穿透每个平凡的日常，抱着这样的信念，我们做了这本主题书：诗意而有力量的生活。

本书由张德芬主编，并特别邀请到多位知名作家、心灵导师和心理学专业人士与读者共同分享这个话题。当诗意遇到生活，是柴米油盐与风花雪月的对垒，还是不管遭遇什么样的坎坷，内心仍旧保有一个空间，让自己放下疲惫、可以重新出发？

诗意，不一定真要曲水流觞、吟诗作对；诗意，也不仅仅属于远方的田野。诗意是一种面对生活的态度，一个独立的小宇宙——开放、天真、纯粹且想象力爆棚，它要你像个孩子一样面对世界，看见黑暗也不忘内心的光亮，受过伤还愿意敞开信任，跌倒了就爬起来继续勇敢向前走。

因为你知道，你有力量。

虽然有些时刻，脆弱免不了像流感来袭，我们怀疑自己，更看不到人生的希望与归处，一切仿佛永远都不会好了。可是别怕，有个声音会叫醒你，也许最初很微弱，很容易被忽略，但它不会放弃，它会持续不断地呐喊，直到你听见，直到你行动。这个声音照管我们的孤单、自卑与落寞，抚平创伤，温暖岁月。这个声音就是我们内心的力量。

当斯嘉丽逃离战火，独自驾着马车奔向故土，誓死要保护家园的时候，力量就在那里。

当简·爱面对罗切斯特先生，跨越所有障碍，宣告灵魂对等的时候，力量就在那里。

当我们敢于跳出安逸，选择心中最渴望的道路；当我们不怕在 30 岁换跑道，40 岁也敢爱敢恨，60 岁还会疯玩儿，80 岁仍然发光的时候，同样的力量还在那里。

这力量无条件地支持每个人。事实上，它从来都不在外面，它深植于我们的内心，你越信任它，它就越强大。

如果对于登山者来说，艰苦卓绝的理由是“因为山就在那里”，那么对于每个世界之舞的参与者，一切的创造与绽放，也不过是因为“力量就在那里”。

张德芬空间

我所讲的一切，将对你们也一样适合，
因为属于我的每一个原子，也同样属于你。

——[美]惠特曼《草叶集》

Contents

Chapter 1

人生的目的是什么？
非常简单，是允许自己做自己。

Chapter 2

路也许很窄，但总是会有。
路也许很长，但总会到头。

Chapter 3

我爱你，不光因为你的样子，
还因为，和你在一起时，我的样子。

Chapter 4

当清风完美的一天，风帆就是要打开，
爱从此开始。今天就是这样一天。

Chapter 5

我想象故乡的桐花，年年不败地开放，
只为了远方的游子，在花开的季节里，
可以循着原路归来。

Chapter 6

人就像一所客栈，

每个早晨都有新的客旅光临。

Chapter 1

人生的目的是什么？

非常简单，

是允许自己做自己。

爱自己，是一切快乐的根源

文 | 张德芬

当我真正开始爱自己，
我才认识到，
所有的痛苦和情感的折磨，
都只是提醒我：
活着，不要违背自己的本心。
今天我明白了，这叫作真实。

当我真正开始爱自己，
我才懂得，
把自己的愿望强加于人，
是多么地无礼，
就算我知道，时机并不成熟，
那人也还没有做好准备，
就算那个人就是我自己，
今天我明白了，这叫作尊重。

当我开始爱自己，
我不再渴求不同的人生，
我知道任何发生在我身边的事情，
都是对我成长的邀请。
如今，我称之为成熟。

当我开始真正爱自己，
我才明白，我其实一直都在正确的时间，
正确的地方，发生的一切都恰如其分。
由此我得以平静。
今天我明白了，这叫作自信。

当我开始真正爱自己，
我不再牺牲自己的自由时间，
不再去勾画什么宏伟的明天。
今天我只做有趣和快乐的事，
做自己热爱，让心欢喜的事，
用我的方式，以我的韵律。
今天我明白了，这叫作单纯。

当我开始真正爱自己，
我开始远离一切不健康的东西。
不论是饮食和人物，还是事情和环境，
我远离一切让我远离本真的东西。

从前我把这叫作“追求健康的自私自利”，
但今天我明白了，这是自爱。

当我开始真正爱自己，
我不再总想着要永远正确，不犯错误。
我今天明白了，这叫作谦逊。

当我开始真正爱自己，
我不再继续沉溺于过去，
也不再为明天而忧虑，
现在我只活在一切正在发生的当下，
今天，我活在此时此地，
如此日复一日。这就叫完美。

当我开始真正爱自己，
我明白，我的思虑让我变得贫乏和病态，
但当我唤起了心灵的力量，
理智就变成了一个重要的伙伴，
这种组合我称之为心的智慧。

我们无须再害怕自己和他人的分歧，
矛盾和问题，
因为即使星星有时也会碰在一起，
形成新的世界，

今天我明白，
这就是生命！

——[英]查理·卓别林《当我真正开始爱自己》

第一次读到这首诗的时候，非常印心，立刻去看作者是谁，没想到竟然是电影史上最有名的喜剧演员卓别林，这是他在七十高寿的生日当天为自己写的。这首诗，应该成为我们每个人的手边诗，每次有任何负面情绪的时候，就拿出来看看，抚慰自己，提醒自己，爱自己是最重要的，它是一切快乐的根源，它是我们在这个世界上安身立命的重要基础。

这首诗说到了几个爱自己的基本原则，如果能够做到，才能真正地爱自己。比方说，第一个就是“真实”。如果我们不能按照自己的本心做事、说话、做人，那么痛苦肯定随之而来。本心来自于放下自己的诸多思虑，而去唤醒自己心灵的力量，以得到智慧。这其中，静默、内观、自省、诚实、勇气都是非常需要的。

它也提到了“尊重”，尊重别人有他自己的权利去做他想做的事、过他想要过的生活。如果我们强加自己的意志于别人身上，不但会造成关系的紧张，也会让对方觉得不舒服。而想要做到这点，我们需要“成熟”，不去渴望不同的人生，接纳所有发生在我们身上的事，把它看成邀请我们成长的契机，而不去责怪别人或是自责。同时，我们了解，所有发生的事都是应该发生的，它是为我们而来，不是冲着我们来的。能够这样正面地去面对所有的横逆、不顺，我们就拥有了“自信”。

爱自己的另外一个标杆就是能够只去做自己真心喜欢的事情，不是为了取悦他人，而只是因为做了以后自己内心喜悦、欢乐。卓别林称之为“单纯”——有一颗纯真的赤子之心，像一个孩子一样，他不在意别人的眼光，只是随着自己内心的感觉而流动，自在地做自己想要做的事情。也正因为如此，我们会让自己远离一切伤害我们的人事物——饮食、人物、事情、环境。

如果我们不能离开这些伤害我们的人事物，表示我们内在还是有欲求没有满足，误以为这些不健康的人事物可以满足我们。然而当我们学会“自爱”以后，远离这些会伤害我们的东西就是顺理成章的事了。我觉得他说的最对的是“健康的自私”。有些人的确太过自私，只顾自己的利益，不惜伤害别人；有些人是太害怕自私，所以不顾一切地付出、奉献。适度的自私是正确的，它不但对我们自己好，更对我们爱的人好。对方需要一定的空间去学习自立、尊重、感恩、珍惜。付出太多，对方永远无法学会这些功课。

最后，我们要勇敢地去面对自己和他人的分歧，知道每个人有他自己不同的生命轨迹，即使有矛盾也没关系，因为不同的人碰撞在一起，可以产生不同的世界，我们每天都会面对一个全新的可能性，这就是“生命”！生命的美好，需要我们不断地去发掘、创造，并且勇敢地去面对所有的课题，这是爱自己的基础，也是结果。

亲爱的朋友，扫描二维码，关注“张德芬”公众号后，输入“爱自己”就可以听到我为你们读的内容。

为什么你忘了爱自己

文 | 陈文茜

安妮走了，
还有谁的眼睛，
可与朝阳媲美？

——[加拿大] 莱昂纳德 · 科恩

每个人在爱面前皆俯首称臣，尤其女人。无论老少美丑瘦胖高矮，都忍不住渴望人生至少拥有一段爱情的神话，深深恋慕，无可撼动。

“爱是一切”，男子约翰 · 丹佛（John Denver）如此歌唱着。但男人的歌毕竟与他们真实的爱情态度差异极大，当这些歌词“如果爱”“爱是一切”渗入一名女子耳朵里，“爱”真的成了她的一切。无尽地爱着、没有保留地爱着。据说女人的前身，本是高温的熔岩，所以此生只能不断燃烧自己，爱尽一切。

可惜就是忘了爱自己

“自己”是什么？自己是一种低音，在你的生命中盘旋；而你爱的男人，往往以高音的旋律出现，他盘踞了你多数时刻的耳朵，使你忘记了属于自我的生命低音。逐渐、逐渐地……低音断了弦。等有那么一天，钟爱的人离去了，或者“背叛”了，那根断了许久的低音弦早已硬化。霎时间，你接不起来那根断弦，当然更拉不出曲调。没有了高音，低音早已消失，你的人生瞬间坠入可怕的寂静，孤独以四面八方无所逃避的方式涌向你。如此败北，如此迷失，一步路也跨不出去，你觉得失去一切。

悲哀的是，女人往往此刻更盲目，更需要爱情，甚至饥不择食，只盼着在千万人中寻觅一个牵起你的手的身影。

但这一切可能只是错觉。身影，很快又化为幻影。可能得等到刀子插得更深、更多次，女人才惊觉：原来生命从来不该寄托于他人身上。这一刻他拉你的手，下一次他转身而去，一切本来都会“过去”。说得更坦白，除非你“命好”“短寿”；女人即使找到一位终老的伴侣，有一方也会先行离去。生命中出现的一切，都不算拥有，一切只是时间的长短，一切皆是惘然。

女人的“自己”是什么？这是一堂没有人教导你的课程

什么叫爱自己呢？女人很荒谬，不管是什么对象都懂得如何好好爱他：照顾先生，体恤他的面子，当他的后盾，给他一个温暖的窝，当一名静默的聆听者与随时空降的陪伴者；对儿女，无微不至，嘘寒问暖，疼了就往怀里揽，苦了妈妈为你撑。但如何爱自己？“自己”是什么？它没有典籍参考，没有传统指导。爱自己是否意味着今晚晚餐不做了，先生唠叨抱怨不忍了，儿子叫他自己出去想办法呢？

根据统计，女人若熬到五十年金婚，她大概需要烧五万四千顿饭，她是厨房里终身的仆役，寒暑不停业，“母亲温馨的味道”是她唯一获得的报偿。

女人成长的每一步路，每一个形象，都是为了“成全”他人。让我们如手术刀般看一下什么叫“成全”：就是“砍掉”自己的一部分，弥补他人残缺的那一块，将之补“全”。能否做到“成全”，是断言一名女子是否优雅贤惠具备美德的标杆；而一名男子如果以“成全”妻子为职责，人们就会为他叫屈，同侪们嘲笑他，连他自己心里也难免最终颇为扭曲。“成全”不是人类的共同美德，它通常只加诸女子身上。

于是每个女人自小即顶着这个美德的大礼帽，一步步地训练自己。相反地，男性的教育却偏执地教导他们“争夺”“英雄”；没有一个杰出的男人需要担心自己会因此娶不到老婆；但“杰出”，却是多数女性爱情的诅咒，因为她们只成全了自己，成全不了男人。

赤裸裸地肢解这些女性在“社会·爱情·美德”立足的大戏，我们会发现女人要扮演好“分内之事”，就得“贬抑自己”，然后交换“爱”，交换一路沉湎“爱是一切”的故事。

那是一场贬抑自我的交易，它感觉很美，但其实没有那么美。

于是我身边许多失去爱的女人，像没有魂魄的幽灵；每天早餐最重要的不是打理自己的维他命或生活秩序，而是朗读一些心灵疗愈的文字：“心给出去的时候，就该知道，不可能毫发无损地拿回来。”“人心是慢慢变冷，树叶是渐渐变黄，故事是缓缓写到结局。”……而男子呢？他们往往相信自己成长的第一步，就是度过失恋，并且熟悉失望。从苦里成长，学习潇洒；不是不爱，而是不那么依赖爱。

女人，请记得好好爱自己

男人没有自己的朋友圈子，不叫男人；他们相聚，大口喝酒，笑谈荒唐，辩论生活态度。我从小喜欢在男性朋友圈子里混，没见过哪个男人把失恋当成昏天暗地的大事，整日摇晃不知如

如果你在生命中找到对的人，彼此好好相爱；
若无，请记得好好爱自己。

何自处的；除非他是个刚刚尝到爱情滋味的青涩小子。女子呢？无论十五岁、二十岁、三十岁……五十岁……甚至快六十，还在仰望繁星满空中，哪一个是“回顾的你”，吟唱何处是“爱的足迹”。

我当然偏袒女性，但和女人们相处时免不了常失耐性，问她：“可否醒醒，谈了一辈子恋爱，不腻吗？”

近日阅读加拿大国宝级诗人、歌手及作家莱昂纳德·科恩（Lernard Cohen）的传记，不过十二三岁，这位男孩已迷上了催眠术，他对性的渴望，使他指挥家里的女佣听从指示，躺下来，凝视着他拿的一支笔，女佣渐渐进入恍惚状态，他指示女佣脱掉了衣服。那一刻包含神秘的智慧，更充斥对性的渴望。

莱昂纳德在他的第一本小说《钟爱的游戏》中重温了那个难忘的时刻：“惊愕、喜悦、恐惧，彻底将他笼罩住了……为了这一刻他已经等了很久。”“每个男人都忘不了第一次见到裸体女人时的情景，她就像夏娃，皮肤上闪耀着晨光和露珠……”莱昂纳德的书写与日本诺贝尔文学奖得主川端康成的小说《伊豆的舞女》很类似，迷雾中无意撞见的女性裸体，纯洁的召唤……

如果我，一名“杰出女子”，书写青春时《钟爱的游戏》《运河上的男孩》，有读者会随着我的文字进入那青涩而狂躁的接触，并且感觉我探触一名男子的裸体共同感受“美而真纯”吗？

事实上，一生书写爱、歌颂女性的莱昂纳德坦言，自小从他妈妈那儿学到了一件事：“永远别对女人残忍，充分依赖女人的奉献、支持和滋养，而一旦她的爱过了火”……“赶紧抽身离开”。二十三岁时他遇见了终生最爱的女人之一安妮，为她写下诗词及小说，但他们的爱情在朝婚姻殿堂前进的途中，突然中止了；理由只因“从亲密关系，走向没完没了的闲话家常”，莱昂纳德提出了分手……多年后他为她写下几首梦幻美丽动人的诗句：

安妮走了，
还有谁的眼睛，
可与朝阳媲美？
我过去不懂它们的美好，
现在才如此体会。
可是，
安妮已经走了。

对男人，爱是梦、是别人的奉献、是无与伦比的呼喊、是家所系之处、是美好的诗词……可是爱永远是其次。

女人到一个年龄，或许最重要的学习是放下对爱情的痴念，放下对他人的期盼，把更多的爱给自己、给更值得的友谊。如果你在生命中找到对的人，彼此好好相爱；若无，请记得好好爱自己。

陈文茜，中国台湾地区知名媒体人、社会评论家，被李敖称为“我所见过的最聪明的女人”。微信公众号：文茜大姐大（ID：sisy-world）

你给灵魂吃什么

文 | 陈贺美

人生的目的是什么？
非常简单，
是允许自己做自己。
不用一直想我们需要正面思考，
只要我们做自己，就能从负面想法脱离。

——[印度] 艾妮塔 · 穆札尼《死过一次才学会爱》

一位长辈最近去做全身健康检查，报告出来，指数全部正常，我替他高兴，但他却很不以为然，因为他的家庭医生警告他，为了继续保持好成绩，不可喝酒、吃红肉，也不可太频繁地出国旅行。

他跟我扮鬼脸。“找他把身体调好，不就是为了可以全世界到处玩、吃肉、喝红酒的吗？”为了庆祝身体 100 分，他在我眼前吃掉一整客16盎司和牛，啜着红酒，笑嘻嘻地打电话给旅行社预订5月要去游莱茵河、去奥地利看吉卜赛节的行程。

他说自己是“保命党”，尊敬所有的医生，也从来都是一个最听话的病人，但他更清楚自己想过什么样的人生。尤其美食和旅行这两件事，他可是非常、非常地坚持和讲究。

我跟他说，我的朋友圈里最近正流行“食生”，也就是只吃蔬果，不吃任何煮熟的食物，因为酵素一经加热就破坏了，也不吃加工过的食物，甚至连食用油都不吃，因为油也是经过加工淬炼的。他们给我看照片，食生多年的人不但不容易生病，看起来还年轻得惊人！资料上特别载明食生的另一个好处，就是可以在灵性修行上进展快速，因为身体干净了，静心自然得力。

我向往这种状态，但他却不，他说他活这辈子，就是要看遍世界美景，跟各式各样有趣的人认识，更别说吃遍所有米其林三星级餐厅的美酒佳肴了。他人生阅历丰富，遍晓世界、人文历史；享受人生是他的座右铭。是的，光物质的享受，就可以带给他心灵无上的快乐。

还有个朋友，我一直以为他是个素食者，每次一起吃饭，他都吃得非常清淡，可有一次，他竟约我吃德国猪脚，因为他突然想满足“一股油腻腻的欲望”，这可让我大吃一惊。“我以为你吃素。”他耸肩：“这不是吃素、吃荤的问题，我是跟着身体的需要走。”根据长年观察，他觉得自己的身体只有在三分荤、七分素的饮食架构下，才是最平衡的。他尊重保育团体不吃动物的主张，但认为自己更适合“荤素均衡”，偶尔一块大肉，可以帮他迅速加足马力，吃红肉有什么坏处，完全不在他的考量之内。

除了他，朋友圈里还有不吃天上飞的、怕吃四只脚的、怕吃

有脸的，什么样的奇怪禁忌都有。饮食不单是个人偏好，背后其实隐藏着强大的心理因素，如果你恐惧血管栓塞，就选择吃素或经常去断食清肠胃；如果你相信寿命天注定，也可餐餐无肉不欢，毕竟人生短短几十年，无常又随时跟在身边，你要怎么对待自己的身体，也只有你自己做得了主。

我想问的是，我们该给情绪（灵魂）吃什么食物？

轰动医界《死过一次才学会爱》的作者艾妮塔·穆札尼（Anita Moorjani），在罹患癌症之前，是一个生机饮食的忠实拥护者，但在“死后的那个世界里”，她领悟了原来自己之所以会罹患癌症，是因为她每天都活在“不值得被爱”的负面情绪中，而且吃任何健康食物的理由都是因为“怕死”，最后，体内的坏细胞“呼应”了她长年积累的负能量，并结集起来，占据她的身体，是“恐惧”引发了她一直最害怕的癌症！

不知道是上天对她特别恩宠，还是希望她回来传递这个重要讯息，Anita 在被医界判定死亡后几天，奇迹地活了过来。现在的她，热爱生命里的一切，什么都吃，还特别爱吃巧克力、喝香槟，而且不管别人爱不爱她，她都爱自己。她将生命的热力完全专注在最美好、最健康的正向思维上，并不断应邀前往世界各地，分享她鼓舞人心的故事。Anita 的真实经历启发我很多，我经常咀嚼她说的话，尤其她一再提到的“要无条件地爱自己（unconditional love）”，更是深深打动了我。生过大病，我知道，这才是自我疗愈的灵丹妙药。

不是鼓励你无节制。

爱自己，你必须无惧。

陈贺美，《悦己 Self》前主编。

女人，活出自己的光芒

文 | Meiya

我，一个狂想，充满深渊的魅力，
偶然被你诞生。泥土和天空。
二者合一，你把我叫作女人，
并强化了我的身体。

我是软得像水的白色羽毛体，
你把我捧在手上，我就容纳这个世界，
穿着肉体凡胎，在阳光下，
我是如此炫目，是你难以置信。

我是最温柔最懂事的女人，
看穿一切却愿分担一切，
渴望一个冬天，一个巨大的黑夜，
以心为界，我想握住你的手，
但在你的面前我的姿态就是一种惨败。

当你走时，我的痛苦，
要把我的心从口中呕出，
用爱杀死你，这是谁的禁忌？
太阳为全世界升起！我只为了你，
以最仇恨的柔情蜜意贯注你全身，
从脚至顶，我有我的方式。

一片呼救声，灵魂也能伸出手？
大海作为我的血液就能把我，
高举到落日脚下，有谁记得我？
但我所记得的，绝不仅仅是一生。

——翟永明《女人》组诗20首中的一首《独白》

每到年底，我会做一次总结，今年也是如此。这是我自由职业的第三年，我想那些能够养活自己的自由职业者会与我发出一样的感叹：再也不想回去了，因为这就是我想要的生活。

这三年来，我对于自己的生活状态是比较满意的，做自己喜欢的事，按照自己喜欢的方式生活，这给我非常大的自由和满足感。但是，在最初却是非常艰难的。那时，我刚出了两本书，也厌倦了在广告公司写策划案的工作，一直在纠结要不要辞职，做一名自由职业者，纠结的原因是当时的月薪还不错。我纠结了几个月，内心很痛苦，好在后来老板将我辞退了，直到今天我对他辞退我一事都充满了感激，当然他并不知道。很多时候，当你靠自己的勇气无法去做自己想做的事情时，别人斩断你的后路，对你反而是一种推动。

丢了工作之后，我和男友旅行了几个月后便回归日常，开始了自由职业者之旅。刚开始会接一些广告创意和约稿的工作，但是拿到的稿费太少，同时我在学习心理咨询，上课、接受一些职业培训，学费方面的花销也比较大，那时男友也辞职了，进行自己的间隔年，一对没有工作的情侣，没有单位，没有社保，靠着几万元存款，还有我每个月一两千元不固定的收入租着房过日子。那时，我在时间上很自由，但心里常常很焦虑，每天都要与自由带来的不安、自我承担和孤独近身肉搏。

当别人问起我的职业，无论我是回答写作，还是在家自由职业者，似乎别人都不能理解你到底在干些什么。好在我这个人有一个优点，就是不太在意别人的目光，尤其是在做自己想做的事情时，我并不会在意他人的评判和看法，好像可以只活在自己的世界里。不知道是不是这个缘故，再加上我的父母、男友都非常尊重和支持我的个人选择，很快地，一切都好起来，我自由职业的工作干得如鱼得水，经济状况也比之前好了很多。

现在，像我这样的自由职业者并不少。我认识的朋友中，大多是自由职业者，有作家、翻译、编辑、摄影师、律师、瑜伽教练、心理咨询师等，也许因为我是女性，也喜欢跟女性交往，所以认识的自由职业者中女性居多，我看到她们每一个人都在走一条自己的路，都在创造属于自己的独特又诗意的生命体验，我会感到自己在这条路上行走并不孤独。

女性经济要独立，没有经济独立就没有人格独立

当我越来越多地实现自己的梦想，并且看到身边这么多活得独立和自由的女性时，我会想到我的母亲。我的父母都是农民，农忙时上山下地，农闲时休息或者打一些零工。我母亲很不喜欢在家做家务，她喜欢在外面干体力活儿或者打工挣些钱，但是她是家庭主妇，受教育水平低，没有一技之长，农村也没有什么工作可以让女人干，不做家务，就更没有自己的价值和地位，全家人的生活也更不好过。所以，她常常在做家务时情绪不好；而我为了让妈妈高兴一点，早早就成了她的家务帮手。

小时候，我看了很多港台的时装剧，像《大时代》《鉴证实录》《妙手仁心》等，当时特别渴望长大以后可以像电视剧里的女性一样成为一名 office lady，有自己的工作，而不是像妈妈一样只能感觉被逼无奈地干着家务，生活得不开心。

我母亲出生于1961年的四川农村，那里人口稠密，历史上发生过饿死人的三年大饥荒。在她回忆童年和青春期时，最多的是关于饥饿和贫穷的记忆。十九岁的时候，她跟着人贩子从四川跑到福建山区，为的是找到一个男人嫁了，可以填饱肚子。在那个年代她所处的社会阶层，作为一名女性，没有接受过高等教育，没有工作收入，她仅有的选择便是婚姻，婚姻成了必需品，婚姻与爱情无关，它首要完成的功能便是生存，所谓“嫁汉嫁汉，穿衣吃饭”。

上世纪80年代的福建山区重男轻女的思想广泛而深刻地存在着。在我母亲那代人的观念里，她们是非常认同这一思想的，认为女人要靠男人而活，女人是男人的附属；女人离开男人或者没有男人，生活或人生是非常不幸的；女人也是没有自我的，她们是任劳任怨、无私奉献、品德高尚的女儿、妻子和母亲；女人要为家庭、为男人而活，而不是为自己而活。所以，我母亲先从自己父亲身边来到我的父亲身边，然后等我哥哥成家生子时，她又从丈夫的身边来到了儿子的身边，一直干着自己不想干又不得不干的家务。

在成长过程中，家庭与外部环境重男轻女的各种状况给我带来比较严重的性别创伤，我花了很长时间进行自我疗愈和个人成长，一点点地清除内在的愤怒、悲伤、没有安全感与无力感，慢慢地成长为更加平静、快乐和有力量的自己。

从我母亲那里我学习到很多东西，比如如何快速地烧一顿美味的晚餐，但于我而言，最有价值的部分是对女性的诸多苦难有清醒的认识，认识到两性平等的重要性，认识到女性经济要独立，没有经济独立就没有人格独立，没有经济独立就没有属于自己的自由与快乐。

前几天我重读了易卜生的《玩偶之家》，这是一个写于1879年的关于女性自我觉醒的剧本，娜拉在离家出走之前说过这样一段话："我受够了委屈，先在我父亲的手里，后来又在你手里。你们何尝真爱过我，你们爱我只是拿我当消遣。我在家跟父亲过日子的时候，他把他的意见告诉我，我就跟着他的意见走，要是我的意见跟他不一样，我也不让他知道，因为他知道了会不高兴。他叫我'泥娃娃孩子'，把我当作一件玩意儿，就像我小时候玩我的泥娃娃一样。后来我嫁给了你，跟你在一块儿，事情都由你安排。你爱什么我也爱什么，或者假装爱什么——我不知道是真还是假——也许有时候真，有时候假。现在我回头想一想，这些年我在这儿简直像个要饭的叫花子。要一日，吃一日。我靠着给你要把戏过日子。可是你喜欢我这么做。你和我父亲把我害苦了。我现在这么没出息都要怪你们。过去我以为快活，其实不快活。"

有没有我们中国人说的“在家从父，出嫁从夫”“嫁汉嫁汉，穿衣吃饭”的既视感？

娜拉的丈夫海尔茂在阻拦她离家出走时说：“首先，你是一个妻子，一个母亲。”娜拉的回答是：“这些话现在我都不信了。现在我只信，首先我是一个人，跟你一样的一个人。”

重读这部剧本时，我会想我的母亲是否想过除了当妻子、母亲，她还能成为什么样的人？她是否也有自己的梦想？她是否曾有离家出走的冲动？如果她真的离家出走，她会去哪里，做些什么，后来会怎么样？我忽然想了解她更多一些。

1923 年 12 月 26 日，鲁迅在北京女子高等师范学校做了《娜拉走后怎样》的演讲，他说道："自由固不是钱所能买到的，但能够为钱而卖掉。人类有一个大缺点，就是常常要饥饿。为补救这缺点起见，为准备不做傀儡起见，在目下的社会里，经济权就见得最要紧了。第一，在家应该先获得男女平均的分配；第二，在社会应该获得男女相等的势力。可惜我不知道这权柄如何取得，单知道仍然要战斗；或者也许比要求参政权更要用剧烈的战斗。"

距离鲁迅的演讲过去了九十多年，距离我母亲为了填饱肚子而嫁人过去了三十多年，中国的经济和社会发生了翻天覆地的变化，如今年轻的女性们受了高等教育，很多有海外留学经历，她们有自己的工作，经济上独立，靠自己养活自己，婚姻对她们而言不再是必需品，吸引力正在不断下降，她们有些人还能给自己买房买车，甚至自己养孩子，做一个独立勇敢的单亲妈妈。

女人经济独立了，是不是就应该享有自由幸福了？

我曾做免费情感问答好几年，近年来又做收费的心理咨询，接触了近千位女性，大多是经济独立的女性。有不少年轻女性将爱情当作人生最大的梦想，失恋后采取自伤、自毁、自杀等伤害自己的方式；不少经济独立的单身女性在与社会、父母催婚的压力做着抗争，她们竭力争取不凑合结婚的权利，但是后来还是败下阵来，凑合结婚去了；有的已婚女性也有自己的工作，经济独立，但是在婚姻里，完全没有自我，充满依赖性，凡事希望丈夫为自己做主，丈夫只要和其他女性有一点接触就恐惧得不行，害怕失去丈夫之后，自己的世界就此坍塌；还有的已婚女性面对不断出轨、对家庭不在乎不负责的丈夫，一直选择委曲求全，非常害怕离婚，即便自己有房有孩子有工作，都不敢离婚，她们过度依赖婚姻的框架而活，害怕离婚之后人生无以为继……

从外部讲，中国还是男权社会，男女两性还是不平等，职场的性别歧视依然严重，很多传媒在鼓吹嫁人文化，宣扬“干得好不如嫁得好”，试图让女人回到解放前，从男女平等倒退回重男轻女，如“做一个好主妇、好母亲是女人最大的本事，为什么非要削尖了脑袋、累吐了血跟男人争资源、抢地盘呀”等观点，很多微信公众号在告诉女性“要用什么样的技巧拴住有钱男人……”

从内部讲，女人们虽然经济独立了，但是思想还未独立，有很多自我阻碍和自我设限的地方，内在也缺乏力量，受困于自身惰性和固化的传统思维，想着依赖男人，依赖婚姻，逃避自我价值实现所需要付出的努力和辛苦。

这几年的咨询经验让我明白，一个女人经济独立，但是人格不独立，没有坚实的自我，情感上也不自立，无法做到自给自足，把生命重点、自我的价值建构在男人上、婚姻上，也是没法获得自由和幸福的。一个人真正自立了才有自由和幸福。那什么是自立呢？我理解的自立包括经济自立、情感自立、人格自立这三个方面。

相比娜拉和我们的母亲们，我们拥有更多的平等和自由，我们拥有了更多的选择权，再加上互联网的高速发展，让我们可以更便捷地学习和交流，但是我们依然需要继续成长。想要获得内在的觉醒和改变，挣脱僵固的思维模式，成为更独立、完整的自己，活出更自由诗意的生活，我们还有很远的路要走。

什么是诗意而有力量的生活？

我的理解是找到属于自己的内在节奏，以自己喜欢的方式在这个世界上创造属于自己的价值，活出真实的自己。诗意与力量不是来自我拥有什么，比如我有房子、有婚姻、有孩子等，而是来自我清楚我是谁，我知道自己想要什么，我的价值取向是什么，我要成为怎样的自己。

有时我会很感性地认为，我们这一代女性真的要好好努力活出自己，因为我们生活在一个好时代，这是无数前辈为我们抗争和创造的结果，我们有责任活出更好的自己，去发现和探索生活的更多可能性，使得自己的生活富有诗意和力量，这也是在为我们的后辈们创造榜样，让她们有更多生活的可能性，更自由地做自己。

每一个人都是独立的个体，每一个人的一生也是成为自己的一生，当你有幸活在一个女性有选择权的时代，请尽己所能地活出自己的光芒，绽放出自己的爱与美。

Meiya，畅销书作家，书评人，自由撰稿人，国家二级心理咨询师，个人咨询与团体带领时间近1000小时。已出版《慢慢来，一切都来得及》《慢慢来，让灵魂跟上来》《他爱的是玫瑰，而你是蔷薇》《你值得拥有最好的一切》等作品。

Chapter 2

路也许很窄，

但总是会有。

路也许很长，

但总会到头。

灵魂的香气之源

文 | 张德芬

我赞美我自己，歌唱我自己，
我所讲的一切，将对你们也一样适合，
因为属于我的每一个原子，也同样属于你。
我邀了我的灵魂同我一道闲游，
我俯首下视，悠闲地观察一片夏天的草叶。

我的舌，我的血液中的每个原子，都是由这泥土
这空气构成，
我在这里生长，我的父母在这里生长，他们的父母
也同样在这里生长，
我现在三十七岁了，身体完全健康，
希望继续不停地唱下去直到死亡。

教条和学派且暂时搁开，
退后一步，满足于现在它们所已给我的一切，
但绝不能把它们全遗忘，

不论是善是恶，我将随意之所及，
毫无顾忌，以一种原始的活力述说自然。

屋宇和房间里充满了芳香，
框架上也充满了芳香，
我自己呼吸到这种芳香，
我知道它，我欢喜它，
这种芬芳的气息，要使我沉醉，
但我不让自己沉醉。
大气并不是一种芳香，
它没有熏香之气，它是无臭的物质，
但它永远适宜于我的呼吸，我爱它，
我愿意走到林边的河岸上，
去掉一切人为的虚饰，赤裸了全身，
我疯狂地渴望能这样接触到我自己。

我自己呼出的气息，
回声、水声、切切细语、爱根草、
合欢树、枝杈和藤蔓，
我的呼气和吸气，我的心的跳动，
血液和空气在我的肺里的流动，
嫩绿的树叶和干黄的树叶，
海岸和海边的黝黑的岩石和放在仓房里面的
谷草所吐的气息，
我吐出来散布在旋风里的文字的声音，

几次轻吻，几次拥抱，手臂的接触，
在柔软的树枝摇摆着的时候，
枝头清光和暗影的嬉戏，
独自一人时的快乐，或在拥挤的大街上、
在田边、在小山旁所感到的快乐。

——[美] 惠特曼《草叶集》

最近很流行这句话，灵魂有香气。什么叫作灵魂有香气？我想，我的定义第一就是：真实。一个虚伪、不能真诚表露自己的人，就像一朵塑胶花，它的表面再美丽，也是没有能量、没有香气，无法有真正吸引力的。

做一个真实的人其实是不容易的。因为从小，我们的父母会用自己的意思和标准来要求我们，即使他们的标准是和我们个性、本质不同的。因此，我们必须收敛自己的本性，符合他们的要求。久而久之，这种小时候为了讨好父母以求生存的虚伪，浸染到我们的骨子里，成年以后，我们也会不自觉地去讨好别人，想要获取别人的赞赏和认可，就再更深入地把真正的自己隐藏起来了。

所以，想要自己的灵魂有香气，首先你要愿意去看见自己的不足、缺点，进而接受它们，视它们为自己的一部分，坦然地和它们相处。当你这样舒舒服服地可以和自己待着的时候，别人也就在你身上感受到那股平静安稳的能量，那就是一种灵魂的香气。如果你总是要用遮掩、做作的方式去展现自己，生怕别人不知道你的优点，看不起你，那么你的前提假设其实就是自己看不起自己，觉得自己不够好。你自己都觉得自己不够好，哪能要求别人觉得你好呢？坦然地接纳自己，这真的是香气的最大来源。

香气的第二来源，应该就是忠于自己喜欢的东西，坚持自己要的。当然，这个前提是：你必须知道自己真正想要的是什么。很多人不贴近自己的内心，和自己是最熟悉的陌生人。因为从小被父母教导眼光向外看，去抓取外在的东西，为了面子，为了光荣，就是不为自己内心的真实需求。所以，如果你能安静下来，仔细地反省思考：你此刻的生命状态是你想要的吗？它滋补到了你的灵魂还是面子？你有没有所谓的一个“内心世界”，还是人云亦云、得过且过地随波逐流——大家找高薪工作你也去找，大家流行上课你就去上，大家流行买名牌你也去买？这些没有“走心”的行为，就会让你的灵魂苍白无力，更别说香气了。

香气的第三来源，是源自一颗善良慈悲的心。如果你看不得别人好，看到别人有需要时也不会想伸出援手，那么你的内在是贫乏的，无论你的外在多美丽、多有成就、多有财富，都没有用，你的灵魂就透不出来那一股香气。

现实生活中，我感觉到的灵魂有香气的女子其实不少。举两个大家熟知的人物：龚琳娜和王菲。龚琳娜是非常真实而且有个性的女人，她非常忠于自己内心真正的喜好，不媚俗。虽然《忐忑》这首神曲让她成为家喻户晓的知名人物，但那不是她想要走的唱歌路线，她真正想做的是把中国乐曲发扬光大（这让我想到“少有人走的路”这句话），为的是自己的理想，而不是名利。她对她的事业合作伙伴（也是她老公）老罗是非常温柔体贴的，有着小女人的温柔和善解人意。她对待朋友也非常真诚，心地善良慈悲，而且特别会欣赏周遭朋友的优点，热情、真诚。所以，她是一个非常有代表性的灵魂有香气的女子。

至于王菲，因为我只见过一面，没有交往，对她的印象还是由媒体而来。但是她的真实、率性和敢爱敢恨的个性，是有目共睹的。她显然也非常知道自己想要什么，而且不会为了讨好众人而做一些事或说一些话。据说她开演唱会的时候，说的话不到几句。她做她喜欢的事情，你们赞同、认可与否，她不在意。她和两任前夫分手，从不口出恶言，好聚好散，同时还继续参加李亚鹏的慈善基金会的活动。

写到这里，想到古人说的一句话：见贤思齐，见不贤思己过。学习别人的优点，而当看到别人的缺点时，回头检讨自己是否有这样类似的行为或特质，用接纳的心去包容自己，在你这样做的同时，其实你原谅了自己，也放过了别人。渐渐地，你的灵魂香气会逐渐散放，到了一定的年纪，那股香气是掩饰不住的，让经过你的人都能闻到，都能欣赏到。

做个灵魂有香气的女子吧！

亲爱的朋友，扫描二维码，关注“张德芬”公众号后，输入“灵魂有香气”就可以听到我为你们读的内容。

女子，你不必 hold 住谁

文 | 毕淑敏

我喜欢你是寂静的，仿佛你消失了一样。
你从远处聆听我，我的声音却无法触及你。
好像你的双眼已经飞离远去，
如同一个吻，封缄了你的嘴。

如同所有的事物充满了我的灵魂，
你从所有的事物中浮现，充满了我的灵魂。
你像我灵魂，一只梦的蝴蝶。
你如同忧郁这个词。

我喜欢你是寂静的，好像你已远去。
你听起来像在悲叹，一只如鸽悲鸣的蝴蝶。
你从远处听见我，我的声音无法触及你。
让我在你的沉默中安静无声。

并且让我借你的沉默与你说话，
你的沉默明亮如灯，简单如指环。
你就像黑夜，拥有寂静与群星。
你的沉默就是星星的沉默，遥远而明亮。

我喜欢你是寂静的，仿佛你消失了一样，
遥远且哀伤，仿佛你已经死了。
彼时，一个字，一个微笑，已经足够。
而我会觉得幸福，因那不是真的而觉得幸福。

——[智利]巴勃鲁·聂鲁达《我喜欢你是寂静的》李宗荣译

“hold住”这个词，据说源自台湾综艺节目《大学生了没》。2011年8月9日播出的这档节目中，名叫miss lin的网友以其夸张另类的造型、矫揉造作的英语、扭捏妖娆的姿态、极度夸张搞笑的表演风格，震撼住了观众。Miss lin的口头禅就是“整个场面我要hold住”。

“hold住”在英文中的基本意思是——抓住、夹住、守住、吸住……它渐渐演变，从网络到时髦，大致的意思是“握住和拥有”。

在这些基本释义中，屡屡出现“住”这个单字。“住”是什么意思?

“住”表示停留或静止状态，且牢固稳当。用常说的“住房”做个例证，如果你有“牢固稳定且能长久保持住的房子”，你就算拥有了“住房”。

估计有人对我这样啰唆地掉书袋要表示不满了。好，回到正题。“我要hold住”的准确含义就是——抓住场合并力求保持控制。

偶尔看到一个电视节目，某女子说她经常出席晚宴酒会等，很想能靠服装“hold住”。主持人建议她穿某种生猛的服饰，多用蕾丝，充溢性感。

那女孩相貌平平身材一般，况且自诩出席的是很体面的聚会，我便为这妹子捏了一把汗。她须要好好想一想，切不可被这逢场作戏的指点裹挟了去，乱了分寸。

一个女子在世上，如果说一定要有什么需要“hold住”的东西，那就是自己的人生。除此以外，野心勃勃地宣誓一定要“hold住”某个场合、某个事件、某个人……似大可不必。若是工作需要，实在需要“hold住”某种局面，我觉得尽可以不动声色从容处之，计策绵密运筹帷幄。大不必烈焰红唇张牙舞爪，更无须以“性”和“暴露”作为“hold住”的终极法宝。那些一心在任何场合都渴望“hold住”的人，我总疑心是极度的自卑。是想以别人的目光聚焦昭示自己的存在，是会在无人角落中暗自抽噎的脆弱灵魂。

女子如意图“hold 住”，说起来也简单。你不必昼思夜想如何“hold 住”外界，只需向内探寻，探索“hold 住”自己的内在世界，让它变得稳定而清晰，让它既不急功近利也不懒惰延宕，从容安详冷静温润，缤纷丰富熠熠生辉。

说到底，我还是不怎么喜欢“hold 住”这个词。天地人间，各有各的气场和轨迹，各有各的悲欢离合风云流变，谁能“hold住”谁啊！如果一定要求个“hold 住”的诀窍，那么，请先把这世界轻轻揽入襟怀。如此这般，间接地就算你把世界云淡风轻地一并“hold 住”了。

毕淑敏，国家一级作家、心理学家，著有《毕淑敏文集》十二卷；被王蒙称为“文学界的白衣天使”，以精细、平实的文风和春风化雨般的济世情怀著称，多年来一直深受读者喜爱。微信公众号：毕淑敏（ID：bishumin_xingfu）

岁月给女人最好的礼物

文丨黄佟佟

如此美好的一天，
雾一早就散了。
我在花园里干活，
蜂鸟停在忍冬花上，
这世上没有一样东西我想占有。
我知道没有一个人值得我羡慕，
任何我曾遭遇的不幸我都已忘记。
想到故我今我同为一人并不使我难为情，
在我身上没有痛苦，
直起腰来，
我看见蓝色的大海和帆影。

——[波兰] 切斯瓦夫·米沃什《礼物》

我最喜欢的一首诗是米沃什的《如此美好的一天》。

其实这首诗不叫这个名字，正确的名字是《礼物》，但是我一直就是这么记这首诗的。

我个人的理解是，对于一个女人来说，人生最好的礼物不就是美好而平静的一天吗？雾散了，蜂鸟停在忍冬花上，女人在园子里干活，她的内心如此平静安详，一直腰，就可以看到远处的蓝色的大海和白色帆影……没有比经历一切之后，还有一个园子可以栖身，还有力量可以干活，更值得我们庆幸。这种状态让我想起了十来年前日剧《邂逅》里的女主角常盘贵子，她是一个天真又努力的女孩，爱上一个天真又较劲的男人，一对恋人七年分分合合，她一直奔跑在谋生的路上，无论爱与不爱，她从来没有放弃过自己，也从来没有放弃过工作，但工作中的女人就一定能得到幸福吗？当然不，如果她一门心思是要找男人。

美丽的常盘贵子演的绘里如果放到现在，其实不就是中国人口中的“绿茶”吗？年轻时作天作地要去纽约深造，三度成为小三，而且还是特别善良纯情的那种。最有趣的是，男主每一次和她邂逅时，她总是换了一份工作，而且身边总有男人。初遇时她是个学生，身边是不靠谱的摇滚男青年；再遇时她是画廊的销售，身边是身为有妇之夫的男医生；第三次相遇时她成了快餐公司老板，身边是喜欢她的快餐店小弟；就算到了最后，在不爱医生的前提下，她也仍然会在打工的小咖啡店结业、租住的小屋将要拆造时对医生说：可不可以带我一起走……关键

是，从表面上来看，她一直是独立又坚强的职场女性，甚至男主要替她还债，她还会一身正气地把钱扔回对方。她一直努力打工挣钱，可是在女编剧的笔下，这么一个独立坚强的妹子一天也接受不了自己没有男人的局面，剧中最重要的一个转折是，深爱常盘贵子的福山雅治把妹子亲手送给要出国的医生，两人双双认同的观点是“因为医生能给你幸福”。

找到一个好男人能给你幸福，通常是言情剧的核心价值观，但即便信奉这样真理的言情剧编剧也无法自圆其说。《邂逅》里能给女主幸福的医生一转眼就摔了个半身不遂，而忠厚老实的男主在信誓旦旦要给妻子幸福后，也用两年时间用冷漠生生把柔顺的老婆逼成了一个酗酒主妇——谁也无法回避的现实是，对于生活的琐碎与无常，男人其实比女人更难面对，他们是想给女人幸福的，但他们没有这个能力。很多年前我一个男同事劈腿离开他的妻子去爱一个得了忧郁症的失婚妇人，理由很高尚：“我觉得我妻子离开我能活得很好。”十年之后，果然他的妻子活得更好了，可是他却变成潦倒不堪的 loser，他以为他能给那个忧郁症女患者幸福，他以为他是拯救者，可是他最终和那个可怜的女人一起掉进了另一个深渊。

在东亚这种父权繁盛的社会，男人女人都向往一种感情模式：男强女弱，男外女内，男人负担起整个家庭，甚至负担起女人的幸福，这常常是主流社会提倡的社会意志。但是，这基本上是一句笑谈。首先，让男人担负起让家庭所有人快乐的责任本身就不公平，也是不可能完成的任务；其次，沉重的工作与社会压力之下男人自己就很难快乐，又何谈让妻子快乐让孩子快乐？再加上在亚洲社会，父亲在家庭的长期缺失，通常在无节制的母爱里成长的东亚男人根本都是些巨婴，他们连自己的幸福与快乐都不敢去争取，又何谈给别人幸福与快乐，而那种睁着萌萌的眼睛望着男人“请给我幸福的生活”的女人，通常到最后都会无比失望——不是对方不想给，而是根本做不到。

问别人要幸福，把幸福当成对方赏赐的恩物，无论对于男女，都是一种妄想。《邂逅》里所有男人都喜欢女主角绘里的原因就是，她是个爱笑爱玩爱折腾的姑娘，说到底，她内里有很强的生命力，在任何艰难的困苦里都不气馁，“你把她放到森林里她也能活得很好”，福山雅治这么夸这个让他念念不忘的女人，而就是这样的一个女人，内心仍然觉得她的幸福要别人来给，“修二君，和你在一起，请你给我幸福！”——这大概也是现实生活中最典型的一种女性的写照，她们很能干，很优秀，很有生命力，但她们从小就被洗脑，她们的幸福只有男人才给得了。所以，她们终身都处在惶惑里，谁能给她们幸福呢？久而久之，连自己可以给自己的幸福都丢掉了。

有这么一个段子，能干的希拉里在加油站碰到自己的初恋情人，老公克林顿笑话她：你看，你要没嫁给我，你就是一加油工的老婆了。希拉里粲然一笑：也许他娶了我，现在就是美国总统了……当一个女人有极强的生命力，她不但能让自己幸福，也能给别人带来幸福，因为她深深明白所有人的幸福都是自己给自己的。问别人讨要幸福，本身就已经是不幸的开始了吧。

我的朋友吴迪说，为什么成年女性不招男人爱，因为她们不像女孩那般好骗，她们早已笃定于自身的存在，因为岁月给成年女性最好的礼物就是，她们不再相信谁能给自己幸福，只有自己才能给自己幸福，所以这世上没有一样东西她想占有，也没有一个人值得她羡慕……

当女人不再孜孜以求向外索取幸福时，幸福就已停驻在她的内心某一处。

黄佟佟，最懂女人心的作家、媒体人，当下专栏界写女子写得最好的女子。出版有随笔集《最好的女子》（1、2）、《最爱的男子》，及长篇小说《女人是比男人更高级的动物》等。长期为腾讯《大家》《南都周刊》《南方都市报》等二十多家一线媒体、品牌杂志撰写采访与专栏。微信公众号：蓝小姐和黄小姐（misslanmisshuang）

过日子的学问

文 | 古典

路也许很窄，但总是会有。
路也许很长，但总会到头。
马不是好马，那就能走就走。
马不听指挥，那就随处停留。

——顾城《暴风雨使我安睡》

下午三点的寒冬，在北京一家咖啡馆窗边待着。阳光从左上方斜照进来，很温暖。旁边有一群女子在聊天。

“我就是要做好现在这份工作，然后出国读一个 MBA，然后回国在投行做几年，最后就开个这样的咖啡厅。”其中一个眼中发光，发表自己的梦想宣言。宣言在朋友中间引起一片哗然——这样的生活谁不羡慕？大概一分钟以后，另一个女子幽幽地吐槽：“那你到三十五岁之前都生不了孩子了。”

人群安静了。再过几分钟，这个问题迅速变成了“如何找个好男人啊，做女人真难”，再过几分钟，这个问题又迅速变成了“你知道吗，谁谁和谁谁好上了”。

其实她们不知道，她们刚刚错过一个重要的生涯问题。“生涯”是一门讨论我们该如何过日子的学问。我是一个生涯规划师，我正在电脑上敲出来的题目，与她们的梦想息息相关——

女人三十，生产、生活还是生娃？

如果你年龄在二十四到三十之间，我想你总会遇到这种困境：你在二十二岁进入职场，两三年后慢慢摸到门路，明白自己要做什么。二十五到二十八岁开始发力，事业正有小成，前面无限风光。而此时你身体正好，手头渐宽，眼界正广，正是你享受世界的大好时机。同时你却发现自己将近三十，你爸妈每天一个电话说趁他们身体好给你带孩子是人生最后一桩心愿。你的闺蜜则每天恐吓你说高龄产妇有多痛苦。每个白领女子需要思考这个问题——继续职业发展、享受青春还是生个孩子？

假设你选择的是结婚生子——你与相恋多年的男友结婚生子，在女伴羡慕的眼光中离开职场，当你的幸福妈妈。三年后你拖着微微发福的身材重回职场，才发现自己被当年一同进来的男同事落下一大截，而当年那个跟你斗法的小妖精，也成为了你的上级。你气也不气？

其实如果你再看下去，你就能看到你人生故事的另一个可能版本——那个你痛恨的，当年选择了扶摇直上的小妖精。三十岁正好是一个人职业的最后一段长跑，怎么能够甘心输在最后一搏？她咬牙再冲五年，终于在安全怀孕的最后期限准备要一个孩子。三十五岁的她在医院里面成为最弱势的一个，医院每天帮着计算她流产、早产、生出怪胎的概率是多少——而大龄妈妈的麻烦，很难恢复的身体，与孩子的代沟等，才刚刚开始。

又或者你喜欢那个绝代佳人的版本。在年轻的时候，最好的年华，这个独立智慧的女人走遍世界，激扬青春，经历生命的种种，却错过了生儿育女的年纪。在六七十岁的时候，她孤零零一个人，在花园里翻着相片，看着旁边的孩子发呆。

你喜欢哪个版本？

按照生涯的观点，我们生命的发展方式有四个维度：高度、温度、宽度和深度。每个人都能根据自己想要的方式发展自己的生活。

女人近三十，生孩子的人选择了宽度，让自己的角色更加丰富；选择工作的人选择了高度和深度，让自己的职位或者专业性更高；而选择享受快乐的人则选择了温度，过自己最热情的生活。

高度、宽度和温度，你最喜欢哪个？你可以按照你最想要的生活，选择你喜欢的生活方式，生产、生活还是生娃。

另一个重要观点是，生涯的总能量守恒。也就是说，世上没有完美的选项——选了高度，就必然降低宽度和温度，反之亦然——当你追求一样的时候，另外一样一定会减少。所以另一种选择的方式是，按照你最受不了的程度来，你最不能忍受的生活方式是什么？——当年华老去，你最不能容忍的，到底是碌碌无为，还是孤苦伶仃，还是苍白无奇？毕竟我们很多时候不是不够爱一种生活，而是受不了它的反面。

最后我想你也发现，生产、生活还是生娃并不是一个女性的决定，而是一个家庭的决定——你们的家庭希望先扩充哪个维度？你的另一半能够弥补哪一个维度？我要呼吁广大哥们儿，千万别手一挥说："什么时候生孩子？你说了算！"其实连生带养到孩儿他妈的职业，全与你相关。

所以，按照你喜欢的生活，选择一个方式吧。先选择自己最喜欢的方式，再选择自己最受不了的方式，那个交集就是你的选择——但请注意，世上没有完美的选择，而最糟糕的选择，则是不选择——这等于让老板或者婆婆帮你选择。

其实这个话题还有很多可以探讨，比如说怀孕前后是否真的需要那么久地远离职场？养大一个孩子是否真的需要传说中的300万元（如果这个标准是真的，中国光按照出生率算GDP就能超美国）？再比如，产后妈妈恰当地工作，是不是会更加利于孩子的成长？这也都是生涯讨论的问题，不过我一介男子，既没有生产动机也没有生产工具，说这些话题显然是站着说话不腰疼，就留给专家们说去吧。

重要的一点是，我想，每个人都能选择按照自己喜欢的方式来生产、生活还是生娃。

古典，新精英生涯创始人，国家“认证生涯规划师”培训导师，畅销书作者，著有《拆掉思维里的墙》《你的生命有什么可能》。2007 年开始致力于职业规划，个人成长教育与咨询，帮助人们找到适合自己的职业发展道路，成长为自己的样子！

通过爱，我们成为自己

文 | 武志红

我为什么要寻找他呢？我不就是他吗？
他的本质透过我而显现。
我寻找的只是我自己！

——［波斯］莫拉维·贾拉鲁丁·鲁米《夏姆斯作品集》

鲁米，是我最喜欢的诗人。没有之一，只有最。

我是2008年才知道鲁米的，当时在上美国催眠大师斯蒂芬·吉利根的课，每次开始上课前，吉利根都会吟诵一段鲁米的诗。让我印象最深的一段如：

那一天将会到来，
带着喜悦，你问候自己，
到达你自己的门口，看着你自己的镜子。

你们彼此向着对方微笑，说，请坐，请吃吧！

你将再一次爱上这个陌生人。

他，就是你自己！

给他美酒、食物，

将你的心再度交还给他，

给这个爱了你一生的陌生人，

以前，你忽略了这个陌生人，为了其他人。

这首诗，是台湾的翻译，从吉利根老师的英语中翻译而来，又经过我文字上的一些修改，可能有误，但暂且叫它为《爱上陌生人》吧。这是我最爱的诗之一，我的工作坊上，有时会打印教材，而教材的封底，会印上这首诗。

鲁米是何方神圣？

他是成吉思汗时代的人，是伊斯兰教神秘教派苏菲派的领袖，本来居住在伊拉克，当蒙古大军攻掠伊拉克时，他逃到了土耳其。

苏菲派有各种修行的传承，其中一个是，要找到爱的人。鲁米的爱人，叫夏姆斯，是一个苦修者。

传说中，鲁米是在路上第一次遇到了夏姆斯的。作为宗教领袖和大学者，鲁米会随行带着很多经典著作和他自己的著作，但或者是夏姆斯问了他一个致命的问题，或者是夏姆斯向鲁米展现了神通。鲁米被震惊到，发现自己的学问不值一提，然后烧掉那些书，此后两人成为修行路上的爱人。他的一首诗像是在描绘这种领悟似的：

经验、感官的科学，
像背满书本的驴子，
又像妇人脸上的脂粉，
水一冲就流失掉。
…………

书本与文字可以带来妙悟，而妙悟有时则能带来合一。虽然是闻名的学者，但鲁米绝不会将自己的生命囿于知识，他一直在追求生命的燃烧，很多诗在描绘这种精神：

如果你的喉还没准备好喝酒，把它割掉！
如果你的眼还没准备好目睹合一的丰盛，
让它瞎掉！

在追求燃烧生命的路上，一切限制都可以突破，譬如道德。他就此写道：

让自己成为一个不名誉的人，
饮下你所有的激情。
闭起双眼，以第三只眼睛观物，
伸出双臂，要是你希望被拥抱的话。

夏姆斯和他一样，一直在伸出双臂，寻找爱人与神性的拥抱。作为苦修者，夏姆斯一次在荒野中行走，突然有个声音问他：“如果我可以帮你找到你的爱人，你愿付出什么样的代价？”夏姆斯毫不犹豫地回答说：“我的头颅！”

果真，他找到了他的爱人鲁米，而他也付出了他许诺的代价。成为鲁米的爱人，夏姆斯招致了许多嫉妒，最后被鲁米的儿子杀掉，后者还将其头颅献给鲁米。

从世俗的角度来看，这是一个悲剧。但“头颅”这个说法本身即是一个隐喻——一个修行者需要砍掉自己的头颅，即头脑层面的思考，才可能找到爱。

夏姆斯被杀掉后，鲁米陷入极度痛苦中，到处去寻找夏姆斯的身影，但有一天，他突然领悟到：

我为什么要寻找他呢？我不就是他吗？
他的本质透过我而显现。
我寻找的只是我自己！

有了这样的领悟，鲁米就开悟了。这也是苏菲派为什么要找一个爱人的原因，因当两个人彻底相爱时，就意味着，我就是你，我就是我。一旦我们在两个存在体之间有了这样的领悟，就迅速可延伸到我们和所有其他存在的关系上，即，我就是万物，万物都是我。

爱情是一个譬喻，即，“我”与爱人的关系，是“我”和镜子的关系。我看着爱人，以为看到的是另一个人，其实看到的是镜像，一旦我们彻底从体验上懂得了这一点，开悟就发生了。

一旦有这个领悟，也就彻底能明白，“我”与“客体”即外界事物的关系，其实就是“我”与“镜子”的关系，一切存在都是“我”向镜子投射出来的镜像而已。

鲁米就此写道：

每一秒钟，他都会对着镜子鞠躬。
如果有一秒钟，他能从镜子中看出里面有什么，
那他将会爆炸。
他的想象，他的所有知识，乃至他自己，都将消失。
他将会新生。

我们以为的那么真实的感受，那么真实的客观存在，其实只是我向镜子投射出来的东西，一旦明白这一点，即可知一切都是幻象，于是一切都可消失，而新生也由此发生。

这个道理看似简单，但从头脑上明白它，没有任何意义。人必须把自己的头脑砍掉，像夏姆斯一样，而完全投入地去爱、去体验，这个道理才真正能活出来。所以，去生活，去爱，去燃烧，一如鲁米这首诗：

如果你所爱的人，
拥有火一般的生活，
那就和他一起燃烧。

武志红，中国最受欢迎的心理学家，用深度的心理分析剖析生活中的各种现象。著有《为何家会伤人》《感谢自己的不完美》等畅销书。微信公众号：武志红（wzhxlx）

心中的诗

文 | 李银河

人生在世，
如果心中无诗，
那是很无趣的。
诗是爱与美，
诗是超凡脱俗，
如果人的心中没有爱与美，
岂非行尸走肉？

诗意大半来自爱，当人爱了，他的语言就变成诗，那是因为他的心境是诗，就连根本不是诗人的人当爱的激情来临时，也会写两句诗。

诗意也来自美，当人感受到美的时候，他也就发现了诗。如果缺乏对美的感受力，再美好的事物，人也不会觉得美，所以也不会有诗意。

诗意当然必定超凡脱俗，如果人陷在凡俗的事物当中，心境卑污琐碎，哪里能够感觉到诗意。

唯愿此生常常沉浸在诗意之中，天天感受着爱与美，终身享受着爱与美，直到最后的日子。

李银河，中国第一位研究性的女社会学家，自由主义女性主义者。

微信公众号：李银河（liyinhe6666）

Chapter 3

我爱你，

不光因为你的样子，

还因为，

和你在一起时，

我的样子。

爱情是一面镜子，我们用它来映照自己

文 | 张德芬

我爱你，
不光因为你的样子，
还因为，
和你在一起时，我的样子。

我爱你，
不光因为你为我而做的事，
还因为，
为了你，我能做成的事。

我爱你，
因为你能唤出，
我最真的那部分。

我爱你，
因为你穿越我心灵的旷野，

如同阳光穿越水晶般容易。
我的傻气，我的弱点，
在你的目光里几乎不存在。
而我心里最美丽的地方，
却被你的光芒照得通亮。
别人都不曾费心走那么远，
别人都觉得寻找太麻烦，
所以没人发现过我的美丽，
所以没人到过这里。

我爱你，
因为你将我的生活化腐朽为神奇。
因为有你，
我的生命，
不再是平凡的旅店，
而成为了恢宏的庙宇，
我日复一日的工作里，
不再充满抱怨，
而是美妙的旋律。

我爱你，
因为你比信念更能使我的生活变得无比美好，
因为你比命运更能使我的生活变得充满欢乐。
而你做出这一切的一切，
不费一丝力气，

一句言辞，
一个暗示，
你做出这一切的一切，
只是因为你就是你，
毕竟，
这也许就是朋友的含义。

——[爱尔兰] 罗伊 · 克里夫特《爱》

这首以爱为名的诗，读来令很多人感动。乍读的时候，我也很感动，当时是一个男人发给我的。但是随着时光的变迁，我开始对这首诗有了不同的看法。这首诗，暴露了爱情的自私和功利，让人能够更加现实地去看待所谓的爱情，究竟是什么。或是至少，了解爱情有不同的面向，不是一般想象的那么浪漫的。

诗中大概的意思：我爱你，不仅是因为你，而是因为我和你在一起的时候，我变成了什么样子。所以，爱情不仅仅是我内在对你的感觉，还要加上：你让我自我感觉非常良好，你让我能够做到什么。所以我们常听到：爱情其实是一面镜子，我们每个人用它来映照自己。

所以，爱情之所以让人那么痴迷，正是因为当两个人坠入爱河的时候，彼此感觉都非常良好。突然之间，有一个对你那么有兴趣的人出现了，你的一颦一笑，你的一切琐事，对他来说都是那么重要。你们两个人紧密地联结，觉得世界上只有你们两个人相依为命，这个世界的色彩都变得丰富了。两个人在彼此身上，映照到了完美的自己，怎能让人不痴迷呢？

有些人会说，不对啊，明明有些人的亲密关系后来不是那么美好了，在对方身上照不到美好的自己了，为什么有些人还是坚持不放手？其实，这只说明了被映照的那一方，内在有一个对自己错误的认知，比方说，小时候父母对他非常刻薄，或是施加虐待，那么这个人会觉得自己“正确”的形象应该就是受虐者，或是不配得到好好的对待。

是的，这些觉得不配得到好好对待的人，即使得到了完美爱情，有人费心尽力地走进了他的心，照亮了他内在最美丽的部分，将他的生命化腐朽为神奇，一段时间以后，他还是有本事将对方推开，还是愿意待在自己小小的、孤独的天地里，享受自己习惯性的痛苦和寂寞。为什么？因为，那些欢乐、喜悦、被重视、被疼爱的感觉，对他来说是陌生的，或是极度渴望但又极度害怕失去的。如果没有足够的觉知，他可能就会不自觉地创造困难、冲突，破坏自己的幸福，好让自己回到那个比较熟悉的、痛苦的、不被爱的情境中。

人，是习惯的动物。小时候的习惯很难消除。只有靠不断地累积“了解自己”的知识，深入自己内心去照见自己潜意识里面的习性，并且有绝对的勇气愿意去改变，才有可能跳出命运的枷锁，打造自己想要的人生。

这首这么浪漫的诗作，被我实际地解读开来，你会不会很失望呢？其实，当你对爱情有了正确的认识和期望以后，可能一份真正持久的、稳定的感情才会出现，或是说，你的爱情才能够因此而落地沉稳，天长地久。

亲爱的朋友，扫描二维码，关注“张德芬”公众号后，输入“镜子”就可以听到我为你们读的内容。

爱别无所求，只需成全自己

文 | 陈贺美

请在你们彼此的世界中保留一些空间
好让空中的风在你们之间舞蹈

彼此相爱，但不要让爱成为束缚
让爱成为彼此灵魂两岸之间流动的海洋

斟满彼此的酒杯，但不要同饮一杯
把你的面包给对方，但不要共享一块

一起欢歌曼舞同享欢愉，但仍保有彼此的独立
就像鲁特琴的弦是分开的，却奏出同一首乐曲

献出你的心，但不是交给对方保管
因为只有生命之手才能收容你们的心

站在一起，但别挨得太近

因为廊柱分立，才能撑起庙宇

而橡树和松柏也不能在彼此的树荫里生长

——[美]纪·哈·纪伯伦《爱别无所求，只需成全自己》

没结婚或离了婚就叫“单身”？

答案是：“不一定。”

大学一个要好的同学跟先生离了婚，可是两人却照样天天住在一起。白天她跟前夫各过各的，但买车一起商量，换房彼此交换意见，和正常夫妻没两样。问她为什么不跟前夫再结一次婚，朋友说，没那张“证书”，两人反而变得好相处，谁都不会理所当然叫另一个做这、做那；讲话都用商量的口吻，做任何决定都会认真地听对方的意见，不再像离婚前两天一小吵，三天一大吵。简直棒极了，为什么还要跟他再结一次婚？

十一年了，他们恩爱更胜以往。

是的，她过婚姻生活，她“单身”。

相交多年的好朋友调侃我：“你放下老公一个人到北京工作，一个月见一次面。你儿子说你是个‘快乐的、已婚的单身女人’，你老公更爱逢人便说你是他女朋友。”我笑了出来，想到每次和他搭飞机，空服员过来问：“何先生，何太太？”我就会马上轻声更正：“不，我是陈小姐。”他早就习以为常：“对对对！

他是陈小姐，是我女朋友。”

十几年了，他到现在还这么说。

是的，我有丈夫孩子，我“单身”。

别误会，我不是想用这样的例子教你向另一半彰显自主，我想说的是，婚姻无法改变我们是独立个体的事实。婚姻到后来更像“精神合伙”，而不是“肉体”和“附属”的关系。

两个人的世界让我们学会了关怀、耐心和付出，但如果想听内在的声音，你必须暂时离开“我跟那个男人的关系”，进入到“我和我的关系”里。否则你的头脑里全是“我们”“他”“他跟我”，就容易忘记“自己”是算数的，是存在的；一旦感受到自我价值全系于另一个人的好恶，你的恐惧和不安全感就来了。

所以，进入两性关系之前，我们最好先练就“单独”的能力。不然他只要一离开视线，你的心就会焦躁猜疑起来。重要的是，你将只想从他身上要东西，不会觉察自己其实更有力量给予。

学会独处，你将与自己相遇。经常处在“中心”，你会生起一种喜悦和自信的感觉，那是因为聒噪沉淀了，不安止息了，这种安定的磁场，会让你反过来更喜欢亲近自己，跟自己在一起。

鼓舞你热烈拥抱爱情，敞开心尽情享受激情的浪漫和滋润，但是，你能不能只是“单纯地享受爱情”就好？让“结婚”成为自然的结果吧，不要把它当成进入爱情的目的，不然你享受不到“真正的爱情”。它将变成“算计”，很快就会走味。

结婚以后，也请不要放弃“单身状态”，你要给自己留住一片天地，不管外在世界翻腾，你都依旧保有自己的芬芳。

现在的男人也跟过去不一样了。风趣大方、个性独立的女人对他们更有吸引力。他们喜欢女人撒娇，但不喜欢被黏得太紧，他会喘不过气，最后变成怕了你；真心爱你的男人也会尊重你，婚前婚后都接受你，偶尔也有“需要单独完成的事”；当彼此有了这样的理解和爱，你们的关系就会安住在最愉悦、最舒坦的状态中。

我爱你，不光因为你的样子

文 | 沈黎

我爱你，
不光因为你的样子，
还因为，
和你在一起时，
我的样子。

——[爱尔兰] 罗伊 · 克里夫特《爱》

香港这座城市，不易居。打过“中国梦”鸡血的男男女女你争我抢、尔虞我诈，无非都是想混个人模人样自证。谈感情、交朋友，自然纯粹不了，大多以利相交，也无可厚非。速食时代，谁还有心力陪你风花雪月、携手看尽细水长流。

林楚楚是少数个例，香港名校研究生，人称“小范冰冰”。追求者可从中环排至尖沙咀，非富即贵。她本可从中挑上一个，比千亿少奶徐子淇也无差。她信奉师太的哲学：“上帝一早就准备好了无数只盒子，盒内装满喜怒哀乐，名利得失，婚姻恋情，分量各有不同，但式式具备。每个女孩子都得到一盒，那就是她的一生际遇。”她任性随心，偏挑最难打开的那一盒，并坚信一己之力能逆天……

离港北上帝都，只因男友苦等三年，就算他背地里劈腿，她也认作自己亏欠。摆出大奶范儿，想用大度感化他悔改。男人创业，她将所有积蓄倾囊相助，坚信他定有出头之日。赔光，男人对她大打出手，负气出走情人家一住就一月。林楚楚自此沉沦，出门挂张弃妇脸，日日酗酒烂醉。她不愿分开也不敢分开，不舍多年经营付之一炬，也不知如何独立应付日常。男人良心发现洗心革面，这好不了散不开的孽缘一拖又三年。只是，林楚楚不再无所保留，把重心逐渐从男人身上转至事业。夜以继日，不多日便成了国贸那间知名律所最出名、最年轻的合伙人。

在又一次男人负气对她大打出手后的清晨，林楚楚默默收拾好包袱搬离，住进国贸单身公寓。男人再怎么痛哭流涕来求她回家，她都不再理睬，哀莫大于心死。生命像流水，不开心的事情总会过去。

倘若一个漂亮女人想透彻，干啥大抵都不难。“好的爱情，当建立在一定基础上。并非向钱看，而是挑得学识、修养、眼界相当之人。”母亲离开时的叮嘱萦绕于耳，林楚楚不再盲目，跟律所请辞，华丽转身与人合伙开了家古着会所。靠着好品位和多年好人缘，生意倒也蒸蒸日上。城中记者纷至沓来，争相采访，追求者也日甚。某日，圈中姐姐约她晚宴，实则暗恋对象多方打听求见一面，只因连看多期楚楚专栏。和他的相处，没有山无棱天地合的激情，却多了“陪伴是最长情的告白”之岁月静好。不出两月，男人带她去纽约，在大都会博物馆里双膝跪地跟她求婚，一切都那么顺其自然，没有轰轰烈烈却落得安稳踏实。老同事们默默关注楚楚的微博，尤其还挣扎在苦海中的新生后辈，都渴望从楚楚那儿汲取一丝幸福的灵气。

她喜爱此时的自己，因为整个人都被他照得温润如玉、闪闪发亮。不工作时，她爱去国画老师那学画、学写字，写诗写感悟。丈夫讲：“遇见你，就想和你一起有段完美爱情和婚姻。”他热爱张罗亲朋来家私宴，两口子一起在厨房里忙得不亦乐乎。平淡如水的日子，倒也有些小确幸。每逢节日，他都给她手写情书，罗伊·克里夫特的《爱》是他逐字逐句参透后手抄的，装进稀奇“我看见了幸福”小人儿雕塑盒子里一起给她：

我爱你，
不光因为你的样子，
还因为，
和你在一起时，
我的样子。

我爱你，
不光因为你为我而做的事，
还因为，
为了你，
我能做成的事。

我爱你，
因为你能唤出，
我最真的那部分。

用他家老爷子的话说：“遇见她之前他是在活着，遇见她之后他是在生活。”夫家待她好，敬她独立自省。两个尘世情缘中摸爬滚打过的人儿，清楚彼岸，自是毫不费力气地能找对那个脾气相投的Ta，拥得幸福。说真的，婚姻大抵有些运气成分在，遇见前先修好自身，候着良人的机会老天也是给有准备之人的。

沈黎：诗集生活馆创始人。

我不能和你虚度时光

文 | 丛非从

我想和你虚度时光，比如低头看鱼
比如把茶杯留在桌子上，离开
浪费它们好看的阴影

我还想连落日一起浪费，比如散步
一直消磨到星光满天

我还要浪费风起的时候
坐在走廊发呆，直到你眼中乌云
全部被吹到窗外

——李元胜《我想和你虚度时光》

《我想和你虚度时光》这首诗应该代表了爱情的一种理想状态，我和你安在当下，聚焦在此时，安心于此地，心无杂念，静候在另外一个人身旁，就像是在神的庇护下一样，不用多想。

那真是一个美丽的向往。

我很想故意地打破这个状态，问几句不该问的话：

安心地虚度时光，一个傻子都可以做到。为什么是要和他？

两个人彼此能爱上，他们经历了怎样的付出、过程和磨合？

如果这个人没有在你身旁，你一个人是否能如此虚度时光？

当下的享受、喜悦是很美好的状态，人可以不焦虑地活在当下里是种境界。然而实现这种境界，却需要做出很多的其他功课。夕阳西下，落日美好，当你知道夕阳落下后你还有家可回，你可以安然于当下享受；但当你知道日落后你不知去哪儿住宿，不知道饭在哪儿，你还能享受吗？当你知道这个人明天就要离去，或者天黑要回家去见他的妻子，你还能安然享受吗？

能在情感中活在当下虚度时光，来自过去和未来坚定的支持，自己内心和外在都结实的支持，缺一都不可。

来自过去的支持。你们必然经历了一些矛盾、争执、绝望等负向情绪的搅动，企图把对方推到一个安全的距离里。你们也必然经历过支持、鼓励、呵护等正向爱的培养，企图把对方拉近，内化到自己的世界里。你们反反复复雕琢，然后你们彼此磨合，尝试以最舒适的方式打破了对方的界限进入了彼此，在你们都能接纳的方式里进行了部分融合。如此能够实现现在安然地在一起。

如果没有这些你也能一个人虚度时光，那么换一条狗也是可以的。和你在一起的并不是一个真正的人，而是你借着他的躯体幻想了一个理想化的客体。他被你赋予了某种形象和意义而假装存在。

你相信你们明天还会继续，知道他还会在。你此刻才愿意和他在一起。你确认了你们的感情，获得了安全感。你能感受到他的存在，且他也能感受到你的存在。这样的安然当下，是有底气的。这也是内在的支持。你们从过去的愉悦和不愉悦的经历中，形成了现在稳定的客体成像。当然你也可以高尚到不求天长地久，只求当下拥有。当你不确定明天他是否还爱你的虚度时光，和确定他明天还会爱你的虚度时光，在感受上会是一样的吗？

还有外在的支持。情感是个高级需求。马斯洛也这么说过，当人满足了生理、安全、归属的需求后，才会有爱的需求。当你不为生计所扰，口袋里有能维系生活的钱，有一个住所，有一个晴天的环境来保证自己不会被暴雨淋湿或不会为严寒冻伤，你才可能在当下安然和他享受情感。你也可以说你追求高尚的

我不能和你虚度时光。我想先和你磨合情感，我想先有能力照顾好自己，我想先确认自己有能力拥有想要的生活并坚信我慢慢来可以获得，我才能有底气和你相遇，在最美的深处。

爱情，无关于外在的拥有多少。当你顶着高烧、口袋里最后一块钱将在明天花完，来谈论和你虚度时光，你会有怎样的感觉？

能和爱的人虚度时光，享受当下，是有很多条件的：有让自己获得安全感的外在拥有，有过去坎坷经历的成功磨合，有对明天的确认感，最后才是有一颗敢于活在当下的心。

我们也追求爱应该活在当下，此时此地，心无旁骛。这来自你能把过去和未来活好，你才能在当下活好。

我们也追求无条件的爱，爱不被捆绑。现实是无条件的爱，只存在于不可被推敲的诗歌里。无条件的爱不是追来的，而是自己创造好踏实地拥有，能够爱好自己，才能真正感受到来自他人的爱都是多出来的，也就是无条件的爱。

盲目地追求活在当下的美好，就像是盲目地追求目标忘记了过程一样。我们羡慕那些当下的浪漫时光，正如羡慕马云“双十一”一天可以赚到够花几辈子的钱，这是他十几年电商积累和铺垫的结果。我们追求高尚的情感，我们去大商场看各种名牌服装提升自己的档次，我们同样不买，但你口袋里有钱和没钱的感受是完全不一样的。

因为人类的弱点，不可克服。

我们对于安全感、对于确认感、对于有了外在就会有坚实内在的价值感，不可克服。除了我们努力活在当下，我们更可以让自己活得好一点。

我不能和你虚度时光。我想先和你磨合情感，我想先有能力照顾好自己，我想先确认自己有能力拥有想要的生活并坚信我慢慢来可以获得，我才能有底气和你相遇，在最美的深处。

从非从，心理咨询师，萨提亚咨询师，OH 潜意识图像卡训练师，著有《原来，懂比爱更重要》《萨提亚模式与自我成长》《你是在恋爱还是在发神经》等。微信公众号：congnotcong

Chapter 4

当清风完美的一天，

风帆就是要打开，

爱从此开始。

今天就是这样一天。

什么是真正的轻生活

文 | 张德芬

当清风完美的一天，
风帆就是要张开。
美丽在全世界绽放。
今天就是这样一天。

我的眼睛就像太阳，做出许诺；
许诺着生命会拥抱每个晨朝。

活生生的心给予着我们，
恰如那光明天界的照耀，
心与天界一同，以极大的温柔，爱抚着大地。
这是一股可以进入心灵的清风。
我知道，这爱弹奏着腰鼓。
哦，许多手臂围绕着我舞动，
谁能在我的纯美之前自持？

平和很好，

但妙喜的舞蹈更加快乐，更少自恋；

他创造了我们的双唇，是为了聚欢。

当清风完美的一天，

风帆就是要打开，

爱从此开始。

今天就是这样一天。

——[波斯]莫拉维·贾拉鲁丁·鲁米《清风完美的一天》平梵 译

轻生活和慢生活一样，是我们现代人所怀念和欠缺的。

如果你去问老一辈的人，或是有点年纪的人，让他们回忆一下，是以前那种贫穷的、简单的、平凡的日子好，还是现在复杂的、富裕的、多样化的生活来得好。几乎所有的人都回答：当年的好。

生活当然是愈简单愈好，加法加到最后，就没有办法再加了，因为所加的都是物质方面的东西。而人不像动物，对任何事物的需求满意度是有边际效益递减的原理的。

比方说，你口渴的时候，喝第一杯水很满足，第二杯水也不错，第三杯就有点不行了，喝到第四杯可能就想吐了。任何外在有形有相的事物，都脱离不了这个原则。

马斯洛的三角形就说明了这个原理，从生理的需要，到安全需要，到社会需要、尊重需要，到最后的自我实现，很多人卡在尊重需要这一层。他们以为更多的钱、更美的衣服、更大的豪宅、更快的跑车会为他们赢得尊重和自我实现。

可惜不是。因为真正的尊重和自我的实现不是来自外在，而是来自内在自己和自己的和解，自己对自己的尊重，自我满足来自我们完成了此生的目的和使命，这些都不是外在的条件。

我们看到很多人已经非常成功、挣了很多钱了，可是他们还是不断地在动脑筋赚钱，早已经忘了他们的钱三辈子都花不完。原因在于他们内心的空洞，来自小时候的自卑和匮乏，如果不从“患处”（内心）着手，是永远无法对症下药解决问题的。

所以，向内发展是重要的。轻外重内是一个物质发展到了极致的社会必然会走上的道路。我们都知道，一个路边的乞丐，他的内心可能比坐在皇宫的国王还来得快乐。

所以，我们真正要的，是内在的满足和喜悦，而外在的东西所带来的满足，永远有个限度。如果能够走上灵性成长的道路，更多地理解自己，治疗自己的创伤，在自己的身上看到圆满和丰富，那么外在事物对你的吸引力就不会那么大了。

但是轻物质并不表示我们完全摒弃了物质的追求，那样是不现实的。你无法摒弃、舍下你没有或是未曾拥有过的东西。所以，“轻”，是要到了你的外在条件、环境累积到了一定程度之后，自然而然地发现，轻外重内才是真正获得快乐喜悦的道路。

还有一层要注意的灵性含义就是，所谓的“轻”，是一切了然于心之后的自然放下，而不是硬生生造作出来的。轻和轻视的意思不同。如果你轻小我、轻物质，是有“反”这层意思在内的话，我们都知道，凡是你抵抗的都会被放大、增强，因为这是一个能量的世界。

我们可以举重若轻地放下对物质和名利的执着和追求，但不必排斥和鄙视，否则那就是一种造作，一种压抑，不是真正的放下。真正的轻，是心灵的轻盈、充实，感觉世界就在你之内，而你什么都不缺。

轻生活不是摒弃物质，反抗外在的世界，不是造作，不是压抑；而是在心灵感到充实、感觉富足之后，举重若轻地放下对物质与名利的执着与追求。

亲爱的朋友，扫描二维码，关注“张德芬”公众号后，输入“轻生活”就可以听到我为你们读的内容。

绝境即胜境

文 | 辉姑娘

这条路也许

不通向任何地方

但有人从那边过来

——[瑞典] 拉斯 · 努列《这条路也许》 北岛 译

哪怕一无所有，活着，也可以很好。

带着七岁的小外甥在欢乐谷坐疯狂老鼠，小孩子比我这个大人玩得还疯，下来时我天旋地转，他倒若无其事，还拉着我的袖子嫩声嫩气地问：“小姨，你看那个人！”

我抬头，有个男人迎上来，手里拿着一台陈旧的数码相机。

“您好，可以打扰一下吗？这是我刚刚拍到的您的照片，我想保留它，想征得您的同意。”

我有点迷糊，但还是探头看了一眼。果然有我和小外甥的照片，是刚刚在疯狂老鼠上旋转时大叫大笑的样子。抓拍的表情相当不错，我点点头："挺好的，您随意，方便的话能发我邮箱保存吗？"

"当然可以。"他拿出一个本子，"写一下您的邮箱吧。"

我拿起笔，却发现那上面留了许多人的名字。"这么多人？"我忽然想到国内许多著名景点常玩的把戏。

"您这照片不会是收费的吧？"

"不不不。"他赶忙摆手，"绝对免费。拍照只是我的爱好。"

"那您的主业是？"我打量他，忽然明白过来，"哦……您是这里的检票员？"

他笑着点点头，我这才注意到，他腿脚有些不灵便，走起路来一瘸一拐的，身上穿的衣服质地也很糟糕。这家欢乐谷设施比较陈旧，平时来玩的人并不算特别多，他也只负责开关机器，检票开闸，想来收入也很微薄。

大约是感受到了我同情的目光，他微微低下头去。

"不介意的话，您的腿……？"我轻声问。

"车祸，妻子和孩子都去了，就留我一个人，还有这条做了好几次手术的废腿。"他并没有避讳什么，声音平静，我的心却猛地震了一下。

“老母亲一急，也病逝了。抢救的手术费加给家人办后事，钱都花没了，如今就我一个人，在这里找份工。手头还剩了一点钱，就买了这台二手相机，给来玩的客人拍拍照，也算打发时间。”他笑笑，“你看，我拍了七八年，攒了这么多。”

他走进旁边的收票亭，从底下翻翻找找出几本大影集，拿出来给我看。

那上面果然都是照片，有人在歇斯底里地尖叫，有人死死闭着眼睛面色惨白，有人在号啕大哭，还有情侣居然在空中接吻，最好玩的是一个中年男人的帽子被风吹跑了，他气急败坏地伸手去抓，那帽子却蒙在后面一个女孩的脸上，周围的人都在大笑，画面滑稽又有趣。

我也看得笑起来，暂时忘记了刚刚的那段悲伤。

“拍得真不错，您是自学的？”

他点点头：“没人教我，都要感谢来玩的客人，我每拍一张照片都会问他们可不可以保留，许可的话就冲洗出来。拍得久了，怎么对焦、构图、按快门的时机……都摸索到了规律。”

一切只在于心态，不在于运气。

“那么……您将来有什么打算呢？要一直拍下去吗？”

“要的。”他点头，“我想，将来可以跟欢乐谷的领导们谈谈，要是他们允许的话，我就在这边拉块布帘子，把所有的照片都贴上去，给大家看。免费的！”他特意强调了最后一句。

“那不就是摄影展？”我反应过来，把后面那句“就是简陋了点儿”咽了下去。

“哪有那么夸张。”他摇头，“我不是在炫耀自己拍了这些照片，就是想让大家都看看。看看这些，就能体会到跟我一样的感觉……”

“什么感觉？”我忍不住追问了一句。

他抱着厚厚的影集，背有些佝偻，沧桑的脸上露出了一丝安然的微笑。

“就是……哪怕一无所有，活着，也挺好。”

有一位香港富商给我讲过他的发家经历。

他是福建人，早年家中一贫如洗，父亲扔下他与母亲，去了异乡打工，母亲又为了两个馒头跟着邻村男人跑了。他从小就胆子大，听别人说偷渡去香港能发大财，便东拼西凑了一笔钱交给蛇头，坐着船离开了家乡。

偏偏他的命实在不好，乘的船遇风浪靠不了岸，在海上漂了一个多星期。蛇头怕遭到搜捕，无论怎么哀求也死活不给他们开舱门，船上无粮无水，狭窄的舱里同伴们陆续死去，最后竟然就剩了他一个人活了下来。

抵达香港后他身无分文，也无人相助，饿得奄奄一息。去乞讨又被人痛打，剁烧鹅的刀子擦着头皮飞过去，他吓得落荒而逃。

山穷水尽，他没有绝望，忍着饥饿观察了半天，他做出了一个决定。那时香港到处是擦皮鞋的小工，坐在路边招呼客人，把皮鞋用最快的速度擦得锃亮，赚取一点赏钱。

他盯上了一个小工，在小工给一个客人擦鞋的时候，他凑了上去。

他说：“您好，我想给您讲个故事。”

小工以为是乞丐要捣乱，伸手就要赶他。却被客人拦住，好奇地问：“你要讲什么故事？”

他说：“您爱听什么样的故事我都可以讲，反正您至少要在这里擦十分钟的皮鞋，枯坐实在无聊，有我给您讲故事解个闷，可以打发时间嘛。我什么故事都知道，偷情的、绑票的、杀人的、骗钱的……您想听什么都可以。”

客人听他说得有趣，想想便同意了。于是在这十分钟内，他抓住机会，绘声绘色讲了个邻村寡妇与小鞋匠苟合的故事。客人听得哈哈大笑，临走时不但付了擦鞋费，还把剩余的零钱赏了他当小费。

那擦皮鞋的小工也觉得他这做法有趣，便同意他跟着自己。只要有客人上门他就讲故事，用以揽客。他跟了那小工几个月，赚了一笔小钱，买了一套擦皮鞋的工具，开始独立单干。由于他嘴巴甜，会聊天，回头客也多，不久便成了那条街上最红的擦皮鞋小工。再后来，他存钱投资，眼光精准，逐渐发家，直至今日已成为小有名气的富商。

有趣的是，如今他在一些重要的谈判间隙或是饭局，还是会说那句话："我来讲个故事吧。"

他的故事总是讲得有声有色、诙谐生动，得到的效果也相当令人满意。往往不太熟络的合作伙伴会因为一个故事而拉近距离，一场胶着的生意也因为气氛的融洽而变得松动微妙。"这是我制胜的独门法宝。"他不无得意地说。

"这么多年，我在商场上遇到无数次绝境。每当穷途末路的时候，我就会告诉自己，不要试图在短期内掌握别人的优势，要利用长处，在最艰难的环境里充分自信，让自己找到一种如鱼得水的节奏，才能掌握主动权，把绝境转化为胜境。"

无论是孑然一身的穷困摄影师，还是长袖善舞的香港富商，或是正在阅读这篇文章的我们，都会遇到山穷水尽之时。是绝望哭告，放弃求生，颓废度日，还是在夹缝中求生存，如沙漠中的一棵孤草，随风摆正身形，无水自然深根？

有多少你以为的蛮荒绝境，落到他人手中，却被经营成天堂胜境。

无论多么艰苦，都要努力变得游刃有余，自得其乐，令荒芜的日子开出似锦繁花，把满目疮痍经营成一片绿洲。

拉斯·努列写过一首小诗，叫《这条路也许》。只有短短三行字——

这条路也许
不通向任何地方
但有人从那边过来

一切只在于心态，不在于运气。

何必害怕无路可走，尝试迈出一步，你便是那个“从那边过来的人”。

辉姑娘：作家，代表作《一切都是最好的安排》《时间会证明一切》。

我们需要时常更新生命

文丨祝小兔

我们都处在沟中，但是其中一些人在仰望着天空中的星星。

——[爱尔兰]奥斯卡·王尔德

在得知我要辞职去伦敦读书，大部分朋友表示不能理解这个举动，甚至有人觉得我疯了，他们的反应是“你竟然不去创业，读书有什么用”“你放着好好的工作不要，为什么要白花那么多钱”以及“你难道不应该考虑生孩子了吗”。人们总是寻求一种自认为安全的，或者说保险的生活轨迹，就是稳定。

比起过去，我们已经不及父辈稳定，他们大多一辈子只待在同一个单位，朝九晚五，在体制内重复日子。而现在，人们还是觉得稳定是一种万全的生活方式。到了学校，我发现自己真的不算什么高龄学生，有对英国夫妻，已经四十多岁，他们现在重返校园成为研究生同班同学，他们的孩子在另一所学校读中学。成为同学，让这对惯常的夫妻也找到了恋爱时的甜蜜。

他们说，读书完全是跟年龄无关的事，是一辈子的事，我们随时都可以选择刷新自己。工作谋生固然重要，但不要耗光人所有的精力。

更何况，这世界根本就不存在绝对的稳定生活，一成不变意味着冒更大的风险，是一种在动态世界中的自我放弃。感觉舒适证明你在走下坡路，感觉很累证明你在走上坡路。没有什么本领可以不用精进，没有什么饭碗可以吃一辈子。主动改变，比被动选择重要，不要被宿命奴役，永远不要丧失在生活里的自主权。

最近还读到一则新闻，一个名叫吉田穗波的日本妈妈，怀揣着深造的梦想，用半年的时间完成了从申请入学哈佛、准备考试到录取；同年，带着三个年幼的女儿，与丈夫一起前往波士顿，用两年便取得了学位，这期间更生下了第四个孩子。在总结这段经历的自传付梓之时，她的第五个孩子也诞生了。如今这个有五个孩子的妈妈，成了日本国立保健医疗科学院主任研究员，哈佛大学公共卫生学院硕士，名古屋大学博士。如果太早停下来，或者满足于现状，在家庭琐事中等待终年，是无法发现自己有多大潜力的。

我很庆幸现在选择去读书，比起更年轻的时候，我更加清楚我想要的是什么，我自主选择学习的内容，比起大部分为了躲避工作才选择读书的学生，我没有他们对未来的不确定的焦虑感。选择读书，有种回炉重造的感觉，是我更新生命的方式。当然，这个世界上还有更多更新生命的方式，无论用什么途径，我们都不应该懦弱，应该让灵魂在路上。

小时候学物理，明白一个道理，如果要获得动能，我们需要动力和反作用力，正如火箭获得反作用力的方式是喷射出气体。除了内在的驱动，我们也需要失去一些东西，才能获得反作用力带来的动力。人在改变中，才能更像一个有活力的人。

据说科技已经可以帮人类保存年轻时的干细胞，以备衰老时重塑青春。如果可以，我更希望保留一些年轻时的热血，让自己在沉入水底时，重获打破僵固水面的勇气。在一次性的生命里，实现自我，丰富经历，比积累财富重要。

沙漠下新雨，树木爆翠绿，没有放弃与更新，就不成其智慧。我们不必时刻刷新微博和朋友圈，比起这些，刷新自我更加重要。

我们并不需要生活在别处，不需要流于表面，我们需要时常更新生命。

祝小兔：作家，代表作《时光不老，我们不散》《万物皆有欢喜处》，《时尚芭莎》伦敦记者站驻站记者。

新浪微博：@祝小兔

微信公众号：好好虚度时光（hhxdsg）

多少人活在一场游戏中不自知

文 | 廖玮雯

我不再说话，不再思索，但无尽的爱从灵魂中升起，我将远行，走得很远，如同一个吉卜赛人，穿过大自然，幸福得如同有一位女子同行。

——[法] 让 · 尼古拉 · 阿蒂尔 · 兰波《感觉》

我见到一只猫。

它的尾巴很短，如同半个拳头大小的毛线球一般。但它绝不是一只短尾猫。从主人处得知，它的父母是普通的家猫，尾巴很长。

这么看来，它是一只天生有着残缺的猫。

我去查证猫的尾巴有什么作用时，找到这样几个答案，一是保持平衡，二是表达情感，还有一个答案谈到：多数的猫都拥有美丽而舒展的尾巴，它使得猫显得更加高贵、华丽、迷人而富有魅力……

我觉得这是个一厢情愿的想法。

我认真观察这只猫，它显得很高傲，走路挺直身躯，步履轻盈，同样高贵、优雅，甚至要比长着尾巴的猫更特别一些。

它不因此自卑，它照样去觅食，在主人的面前撒娇，被挠脖子时一样表现得如此舒服受用，它和其他的猫一起玩乐，共度欢愉时光，它敢爱也敢恨，和一只健全的、长着漂亮尾巴的、华丽、迷人、富有魅力的猫恋爱、交配……

总而言之，在我看来，它是只再正常不过的猫，而且，还有一点特别的味道在。

后来我想，或许，这是我一厢情愿的想法。

此前看过这样的一句话：认识的人越多，就越喜欢动物。

让我们想一想，如果是一个人，他缺了条胳膊，或少了腿，哪怕他只是天生的秃头，他会怎样？他还能像那只慵懒的猫一样，过着与普通的猫相同的日子吗？

他的父母会为他担忧，会感到悲伤，其他的人会感到诧异或是怜悯。当然，这还算是好的，他更可能遭到歧视、排斥；而他自己，也会感到自卑，感到不公平、不如意，觉得自己不如别人，他会遭受痛苦，会自责，会哀叹。

为何我会不如别人？只有人才会这么想。

那只猫就没有这种想法，至少，它活得和其他猫没什么两样。

你看，人是不是想得太多了？如果我们能够接纳我们“不如”别人，我所说的接纳是指，相信世上其实本来就没有“不如”两个字，就像那只猫根本不去考虑自己没有尾巴这件事一样，它不会为此黯然神伤、自惭形秽，它照样欢乐地度过每一天，起床睡觉，逗老鼠，晒太阳，夜里照样大声地叫着春，和它眼里最好看的母猫谈恋爱……

人为什么不能如此呢？

我看着眼前的几只猫，我拿出猫粮喂它们，去学它们，安然地坐在草地上，晒着太阳，不去想我的工作没有做，不去考虑下个月会不会加工资，不去理会邻居买了大房子，朋友刚刚换了一辆昂贵又奢华的新车。

我们小时候就被输入太多观念：你生活在一个竞争的社会，你要赢在起跑线上，你要学习好，懂礼貌，这样才能够找到好的工作，娶一个门当户对的女人，你应该孝顺，要听父母的话，你需要担当，要会讨领导欢心，你要懂点办公室潜规则，与人为善但又切忌轻信于人，你的性格需要乐观、开朗一些，你的智商要高，情商更不能差，树活一张皮，人活一口气，你不要输给别人……

你要去拥有更大的房子，更好的车，拿到更高工资，更高职务，要金钱，要地位，要权力。要！要！要！

猫会笑你，就像一只不停旋转、停不下来的陀螺般，连在草地上享受一会儿日光浴也享受不起，因为你的脑子里充斥了太多的东西，升起了太大的分别心。

这种分别心让你不再是自己，你是儿子，是父母，是上司，是下属，是邻居，是朋友，是伙伴，是对手；但是，你不知道到底谁才是你自己。

你觉得自己少了这个，缺了那个，这不如人，那不如意，总想，再努力一点，再拼命一点，你就可以，你就可以去停下来，放下来，但是此时不行，因为这个，因为那个。

然而，如果你不能觉察到你的心，你将永远停不下来，永远无法成为自己，就这样不明就里地旋转，至死方休，甚至，若有轮回，至死不休。

但是，如果你能像那只猫，回到那种初心之中，尽情体会赤子之心，你会发现，你就是你，你就是你自己，你不会再去为身外事所累、所困，你会终而看出，一切只是一场游戏。

但是，你能成为那只没尾巴的猫，安然、优雅、步履轻盈地行走在这人世间。来玩这场人们设置好的游戏，因为你很清楚，一切只是一场游戏，万万当不得真。

所以，只求玩个尽兴。

而我，实在非常庆幸我能有这么长的时间，静下来，心无旁骛地看这只猫，以及想到以上所有的一切。

廖玮雯，心理咨询师，青年作者，曾出版随笔集《无须讨好世界，且让自己欢喜》。微信公众号：玮夫雯斯基（ID：wfwsj1986）

我和谁都不争

文 | 江泓

我和谁都不争，
和谁争我都不屑；
我爱大自然，
其次就是艺术；
我双手烤着生命之火取暖；
火萎了，
我也准备走了。

——[英] 沃尔特·萨维奇·兰德《我和谁都不争》杨绛 译

很多年前，经由杨绛读到这首诗，好像说出了自己的心声，只念一遍，就记在心里。

后来看到有人写文章，说表明自己不争的人，其实内心最争，不然压根儿想不起这回事。也不是没道理，很多写鸡汤文的作者，那些话常常都是说给自己内心的闪念听，首先要说服的是自己。但最起码，意识到问题所在，知道自己该去的方向，慢慢就可能走上了道。

杨绛不惮表明自己的态度，而她确实也是一个不争的人。她放弃去美国威尔斯斯利女子学院读书的机会，陪钱钟书去美国留学，素手调羹，缝洗浆补，包括换灯泡这样一般属于男人的活计，“钱书生”能把火柴划着，都已经是惊喜。在日后漫长的婚姻生活中，只要需要，退守家庭，亦是自然的选择。这一切并不影响她稳重而欢喜地过好每一天，甚至在“我们仨”只剩下她孤身一人面对残局时，她依然拾掇起精神，寒来暑往，读书写作，百岁高龄仍有新作面世。所有一切顺势而为，自然发生，不存在争强好胜，出人头地。

因为长年习练瑜伽，接触不少瑜伽修炼者，明显感觉到两类人。一类是骨子里与生俱来的不争、柔顺与平和，一类是掩饰、压抑不住的好胜、虚荣和领袖欲。有些作家也是，我以为三毛自身内部终生的神性和魔性不断交锋，再如安妮宝贝，青春期魔性，进入中年后神性渐显。

其实，争，可能多少是人的本性，程度不同而已。同事家女儿五六岁，只要妈妈夸奖别的孩子，她就会哭叫大闹，同样状况，我家差不多同龄的女儿表现出的则只是稍有不快。

青春年少时也是好胜的，考取那所中不溜大学时，不是高兴而是不甘、迷茫和惆怅。姐姐当时讲故事开导我，就是那个著名的，一个穿草鞋的人为自己没有皮鞋而难过，直到他看见一个没有脚的人。意思当然是说，应该知足，还有人不如你呢！

似乎也真的安稳不少，在退后一步的比较中，获得了内心的平衡。坦率地说，很长一段时间都是通过这样比上不足、比下有余的心理来平衡躁动的心。

慢慢经历一些人和事，开始有自己的思考。为什么非要比别人好才开心？为什么非要有人比自己差才满足？甚至，为什么非要看到别人没有脚，才会为自己手脚双全而庆幸？这么想想，人性的真相多么残酷、猥琐，简直让人羞于承认。

也渐渐发现这样的幸福感虚假而短暂，内心的平衡短暂建立，一有风吹草动就又会打破，需要重建。情绪便在这样的激荡中起伏。

经由瑜伽开始更多地内观、自省，关注心灵，体察到一些真正的幸福时刻。黎明时分，台灯下，轻击键盘，将思绪化为文字的时候；和女儿头靠头，你一页我一页读睡前故事的时候；空闲时，气息安稳地执笔挥毫临摹经书的时候；随一呼一吸扭转、弯曲、舒展自己身体的时候；为全家人整理衣柜，手指滑过每一件干净、熟悉的衣物的时候；一个人走在一大片树林和草地的时候；经历许多磨难和曲折终于完成一项工作的时候。坐在阳台上，陪妈妈唠嗑，听风吹过树叶的声音，看暖阳投射在地板上的光影明暗变化的时候。

只要牵扯到和人的比较，不管战况如何，总让人心浮气躁，气息紊乱。赢则沾沾自喜，输则沮丧懊恼。那样的比较常常弄乱了自己的呼吸和节奏。

真正的幸福来自内心最深处，宁静，接近于“空”的安详时刻，与攀比、光鲜无关，和他人的比较、竞争无关。

江泓，安徽广播电视台制片人，中国科技大学硕士生导师，自媒体公众号“纯棉系”主编，中国作家协会会员，著有《步步莲花》《一半明媚一半忧伤：民国那些女子》《风动玉兰满庭芳：那些江浙才女们》。

我们什么也不知道，但也许这样最好

文 | Joy Liu

我做了一个存在主义的测试。我在所有写答案的地方都空着，然后得了 100 分。

——[美] 伍迪 · 艾伦

“无知”的力量

我想讲一个故事给你听，一个真正关于勇气的故事。

故事发生在我的一个好朋友身上。2014 年的冬天，我去北京的一个英文俱乐部用英文讲情商（Emotional intelligence），偶然间遇到当时正在清华大学积极心理学中心当助理的 Lana。因为彼此欣赏，我们很快就成了好朋友并且相约一起研究 Grit（可以理解成充满激情的坚持不懈）这种品格。

可有一天她突然对我说："Joy，我现在在清华的工作让我很不开心。我很想做研究学东西，但每天的事情杂七杂八的，我就辞职了。"

我问她："那你怎么养活自己呢？"

她说："我之前一直在健身房教动感单车，现在可以当全职的私人教练。"

过了一段时间，她又告诉我说："Joy，我想了想，还是决定回杭州，那是一个能让我心动的城市。"

其实我当时真的有点不开心，好不容易找到了一个志同道合又彼此欣赏的好朋友，却又这样匆匆地分别。我甚至听到自己内心有一个声音在说：她好不靠谱！

但就是这样一个"不靠谱"的女孩子，到了杭州之后，开始自己创业，办活动，养狗狗，当健身教练。前两天她还打电话告诉我说："亲爱的Joy，我遇到了自己喜欢的男生，然后主动地追求了他。现在我们在一起了！"这整个过程只有短短二十天的时间。

她告诉我说："Joy，我现在终于过上了自己最想要的生活。"

虽然我们一起合作研究的事情早就化为泡影，但我深深被她努力坚持自己想要的生活而感动。我以为在清华那样的高校里工作会让她有成就感，我以为在北京这样的一线城市生活她会觉得视野宽阔，可是我错了：每个人都是自己生活的专家，没有人可以告诉他／她怎样生活才更幸福。

但问题就是我们总自以为是地“知道”什么对自己的家人、朋友、伴侣和孩子来说是“最好的”。

我们不愿眼睁睁地看着自己的孩子去“犯错”。我们觉得他们放弃公务员考试，而去自己创业真的是傻透了；我们对他们不找有房有车的人结婚，而选择一个“潜力股”百般阻挠。我们无比地困惑：为什么明明我说的都是“对的”，你却一点都不听话呢?

我们不愿看着伴侣去天马行空地追求那些“不切实际”的梦想。我们威胁他们说：“如果你放弃现在银行的职位去当作家，我就跟你离婚！”我们在深夜辗转难眠，因为我们的伴侣没有按照我们希望的那样去参加职称评选考试。

其实最终，关于别人，甚至是自己，我们什么都不知道。其实这样的无知并不可怕，因为虽然我们的本质是那么地相似，却终究是独一无二的存在。我有时候甚至觉得，当我真正去爱一个人的时候，会不断地让他带领我进入他的世界里我们都还没有探索过的地方，而这样的探索，是穷尽我一生也无法达到尽头的。

可怕的是我们以为自己懂得对方最需要什么，我们以为自己知道对方问题的答案，我们以为自己明白对方在做一件事情背后的动机，我们以为自己了解这个世界的秘密和万物的规则。

无知，在我看来是一个褒义词。它意味着我们有力量让自己放下一切成见和假设，带着一个好奇的心去探索他人和这个世界；它意味着即使是我们非常熟知的人，我们也不会自以为是地把我们的人生信仰强加给他们；它意味着我们可以不断扩大自我限制的边界，去理解所有跟我们有着不同经历和不同信念的个体。

放下我所有的假设

如果想做到“无知”，我们就要先学会放下自己所有的假设和评判。

即使是我们已经认识了数十年的人，也是每天都在流动和变化着的。

今天早上妈妈说的那句“我好难过”，我不去假设是因为昨天晚上我们的争执，而是带着关切和好奇去问她：“发生了什么让你伤心的事情吗？”伴侣今天的电话一直没有打通，我不去假设“他是故意不理我的”，而是去询问他：“亲爱的，今天你电话打不通，是发生了什么事情吗？愿意跟我分享吗？”好朋友责怪我说：“你真的太没良心了！”我先不急于为自己辩解，而是好奇地问她：“是我做了什么或者说了什么让你很生气的事情吗？我真的不知道，能不能跟我分享一下？”

同样，我不去假设别人应该怎样去解决他们生活中的困惑和问题，不去假设别人的人生会幸福或者不幸福，不去假设什么样的选择对他们来说才是“对的”，不去假设他们因为什么原因做出现在这样的选择。

当然了，这样的假设同时也需要巨大的勇气。因为没有了这些假设的保护，我们就好像失去了判别这个世界的“标尺”。一切突然都变成了未知，而未知对很多人来说，意味着焦虑和恐惧。

要放下这些假设，你有时候需要放弃对这个世界“掌控”的需要，所谓 let it be。每一天，你睁开眼睛，这个世界已经不在“昨天”这个时间里了。所以你看它的眼光也不能停留在“昨天”，而这个当下的世界，是未知的，是没有人曾经经历过的。

我明白你会害怕，我明白你想要用“昨天”的知识去平复此刻你的焦虑和冲动，因为我，跟你没什么两样。也许我们可以手牵着手一起在晨曦中颤抖，承认我们什么都不知道，然后一起跟这个今天未知的新世界舞蹈。

跟不确定性一起舞蹈

“我曾经想要一个完美的结局。碰壁后我才知道，有些诗注定不押韵，有些故事没有一个明确的开始、过程和结尾。生活就是充满未知，临机应变，活在当下，随遇而安，不知道下一刻会发生什么。美妙的不确定。”

这对我来说可能是最解放的一个发现了！

有一段时间妈妈来我这里，然后她连续几个晚上失眠。其实她一直都有一些睡眠问题，只是这样的问题会因为任何可能引起她焦虑的事情而让她辗转反侧。有一天晚上她睡不着，半夜起来把台灯点亮，而我也恍惚地在睡梦中被台灯的光唤醒。于是索性陪她聊聊天。

她说：“宝贝你看怎么办，我现在买完了房子又开始担心它会不会贬值，觉得要把它租出去好麻烦，想回南方生活现在又被这个房子捆绑住了。我是真的睡不着呀！”

我对妈妈说：“当初你是为什么要买房呢？其实当时所有买房给予的好处现在也都没有变呀，只是你只意识到了它的缺点而已。我们的每一个抉择，不都是有它的代价吗？既然选择了它，那么伴随它的代价不也是属于它的一部分吗？”

这就是我们的人生。我们都希望可以拿着巫师的水晶球预测未来。可惜我们脆弱到都不知道明天会发生什么。往最坏了想，就像“9 · 11”时的美国或者巴黎街头的恐怖袭击一样，我们可能根本就活不到明天；往最好了想，就像我们被星探发现或者在街角的咖啡店里遇到自己的真爱一样，我们的生活也可能在明天变得难以预料地好。

在这两个极端之间，就是我们此刻的生活。也许我们醒来时，身边躺着的是已经陪伴了自己多年的伴侣，但是我们永远不知道今天会和伴侣有怎样的对话或者交流；也许我们在上班之前，就知道今天要做什么，但我们永远不知道我在做这些事情的过程中会和这个世界有怎样的际遇；也许我们今天还是会看着自己叛逆的孩子叹息，但我们永远无法知道，这个孩子今天会和昨天的她，有怎样的不同。

最近我在自己的公众微信里组织了一个“被拒绝实验”的活动。每一天，我会布置给参加活动的朋友们一个被拒绝的任务，比如找陌生人拥抱、跟陌生人合影、管陌生人要电话号码或者让陌生人赞美你等这样的任务。有趣的是，只有你被人拒绝了，你的实验才算成功。然后有趣的事情就发生了，好多朋友都告诉我说：“我突然觉得生活好有趣，充满了无数的未知。”

其实生活本来就是如此，只是我们用太多的“我知道”和太多的假设，遮住了发现它的眼睛。

没有人知道我们的命运，因为此刻我们就在创造着它；没有人知道我们会成为谁，因为我们每天都在变化在成长，在一条跟所有人都相似却又独一无二无法复制的道路，没有人可以预测你会成长成什么样子；没有人知道我们会有怎样的伴侣和孩子，甚至我们都不知道自己的父母会变成怎样的人。

但所有这些的不确定，不也恰恰是人生最美好的地方吗？

如果我们的人生，在开始的那一刻起，便像剧本般地被安排妥当，我们诞生的意义又是什么呢？我甚至在想：我们被降临在这个世界上，是因为我们将在这个世界上创造出以前从来没有的东西。这个世界因为我们，有了些之前从来没有的生命力。

现在我知道我真的无法预测什么：我甚至无法预测今天下午去超市里会遇见谁！但我并不担心，因为我可以坦然地跟这些不确定性待在一起。我甚至开始欣赏和赞叹它们，因为是它们让我不断创造着这个世界上从不存在的东西，就像此刻我敲击下的文字（我在开始写之前从来不知道文章会是什么样子！）。

亲爱的你，关于你，我什么也不知道，但是你可以带领我，一起去探索你世界里的一切。关于我自己，我也不确定我会发现什么，但是我可以带上全部的好奇和勇气，在每一个“今天”里跟随着直觉和爱的声音。关于这个世界，我的无知远远大于我所知道的，但就是这样的“无知”让所有的事情对我来说都变得那么有趣。

那么此刻，让我们，跟那些曾经让我们忐忑的未知和不确定性，一起跳一支舞如何？当音乐停下来时，我们可以回望来时的路，然后带上对生活的全部信任，发现自己忘情舞蹈时美得让人窒息。

Joy Liu，心理工作者，心理学博士在读，繁荣成长工作坊创始人，一个喜欢画画、喜欢音乐、喜欢写作和阅读的文艺女青年。

留给自己时间，独自去远方

文 | 月亮先生

皓月闪烁在树林，
枝干上，树叶下，
发出一种声音。
啊，心上的人！
池塘像深邃的明镜，
倒映着黑色的柳影，
风在柳梢啜泣嘤嘤……
梦幻吧，是时候了。
辽阔，温馨的宁静。
似乎走下，
星光闪烁的苍穹，
这正是美满的时刻。

——[法] 保罗·魏尔伦《皓月》葛雷　译

留给自己时间，独自去远方，在期冀和幻想的间隙里，体悟思念和依恋的真谛，再回到温暖的地方，并对它倍加珍惜。

我经常在旅途中遇到试图独自逃离生活的女人，她们经常毫无预料地出现在我的镜头里，深夜的东欧列车、伦敦的小酒馆、佛罗里达的空旷海岸、甲米的岛丛深处，或者是马德里的佛拉明戈小剧场。

她们大多言语稀少，客气，刻意疏离，保持距离。她们与其他游客相比，更加沉默，或者更加专注：不准备讨好谁，由着自己的爱好和心性。和她们偶有交谈，却发现她们大多卡在了当下的旅行中，既不愿意回到原来的生活，又觉得毫无牵扯，不知何方是前路。

我大多都会让她们抬头看看月亮，部分时间里，它就鲜亮地挂在头顶，适合我现成举例，让她们明白旅途上的过往和牵扯。

记得那是一次在东欧腹地旅行的途中，崎岖的山路让我耽误了每天唯一经过的火车。我不得不待在远离小镇的车站度过整晚。小站很小，月台几乎是嵌在几座山峰之间的，紧紧地蜷缩在甩了一个弯的铁轨旁，像是孩童攥着母亲的手，死也不松开似的。

夜色已晚，该走的早已乘车离去，该乘下一班车的，都还在几公里远的村落里安睡。我缩在月台上仅有的一张老得算不出年月的木椅上，把毯子铺得蒙头盖脸，裹得尽量再紧实些，只露出两只眼睛。已是深秋的光景，即使没什么风，深夜的空气也有沉沉的凉。月台上的几盏老灯，已经散不出多少光线了。不过这不打紧。那晚好月色，我就斜倚在黝黑的山脊上，透明的银晕如同缓缓流水，漫过整个月台。

“真是好月色啊！”留守的站长喷着酒气坐了过来，两个人一起望着我不作声。

那真是次漫长的旅行啊，漫长到我记不清睡过几个这样的月台，见过几次漫过的月光。我开始忘记自己的异国模样，想中文的时间跟想英文单词的时间一样长；开始对东欧不靠谱的铁路系统习以为常；接受燕麦面包，也接受当地烧酒。是的，我想念中国菜，但最难熬的几天过去之后，也变得不那么想了。我渐渐不怎么在意生活的骄矜，开始学会在旅行中随遇而安。

若是一直走下去，我是否会因由着旅行，完全变成另外一个人？那些晚上……不，大部分旅途中的夜晚，我其实是不怎么见到月亮的。最近几年中秋，偏偏也都在路上。往来逢迎、珍馐美馔、灯红酒绿，都切割着日落之后的时间。即便是最安静的山村，接纳我的人家也总想用当地特产的葡萄酒送我入梦。见过千人千面，每个人似乎在旅途中油滑很多，也淡然很多。这种平和与安定的感觉是成长吗？它究竟从何而来？是迈过的步子，是攒下的路途，还是另有他因？

也许就是因为月亮呢，是因为无论在哪儿都能看到的月亮呢。在洛桑的日内瓦湖畔，在公主港的宏达海湾，连同那晚在东欧月台上的好月色……当我独自一人的时候，它就更像我在生活了十八年的滨海小城里遇见的那个它了。也是悬在天上，银盘一样，洒得海面波光粼粼。似乎再陌生的城镇，再不安的角落，只要你在那儿，就有点十几年熬炼出来的熟稔氛围笼了下来：我是少不更事的少年也好，执着赶路的旅人也好，这无关身份，倒是链接着情愫，链接着过往与当下，熟稔与陌生，漂泊与安定，生活与梦。我信那些旅途中沉默淡然的旅人，应该也是这样爱着它的吧。

这未必是乡愁，更像依恋。旅人的心难免空荡，若无一点熟稔牵绊，脚步难免踯躅彷徨。去往远方时，也会失于焦虑，无所适从。我未想过终止我的旅行，走得越多，就越觉得应该避开那些应酬，多与你见见。那安定感是缘分，是倚重，是在那个月台的夜晚感受到的平静，也是继续走下去的寄托和一点情怀。

故事讲完，我们往往就沉默不语了，我起身倒茶，回头会看见她们偷偷抹泪。

有些牵扯必然退不出生活，有些挂念注定不会远去。纠结的时候，旅途是一剂美药，如同写了一封给月亮的情书，千百年，天涯海角，都透着熟悉气息的月亮，就如你想逃避，却未发现它的温暖的生活。

月亮先生，漫旅杂志主编，作家，代表作《偏偏是旅人》。

真正的滋养，从食物开始

文 | 孙霖

当我开始真正爱自己，
我开始远离一切不健康的东西。
不论是饮食和人物，还是事情和环境，
我远离一切让我远离本真的东西。
从前我把这叫作“追求健康的自私自利”，
但今天我明白了，这是“自爱”。

——[英] 查理 · 卓别林《当我真正开始爱自己》

真正的滋养，从天然的食物开始。You are what you eat，你吃的食物在某种程度上定义了你。食物不仅果腹，而且能够滋养我们的身心和生命。

女人想要从食物中获得真正的滋养，就必须选择在生产加工过程中得到了真正滋养的食物。

万物的生长都有赖于吸收天地间的精华，有赖于从大自然中获得养分。它们的生命循环都有着既定的法则。而现在的大多数食物，都被以非自然的、“被虐待”的方式进行培育，被施用了大量诸如化肥、农药、激素、抗生素等污染性的化学物质。这样的食物在生产过程中并未获得足够的滋养，它们吃得并不健康，自然“体质”不会太好，难以带给我们真正的滋养。

其实，大自然为我们设计出来的食物本身已经足够好。但是当追求效率和利润成了贯穿食物生产过程的指导思想时，食物的品质自然会下降，其中蕴含的能够滋养生命的精华和营养也会非常稀薄，仿佛被兑了水一样。“隐性饥饿”已经成为当今世界一个广泛的问题，人们在摄取了一定量的食物后，胃确实被填满了，但其实并未能够获取足够的精华和滋养。于是，“隐性饥饿”的人们不得不加大食物的摄取量，肥胖自然也就在所难免。

有的人喜欢购买和食用各种在工厂流水线上生产出来的保健品、滋补品和功能性饮品。殊不知这些产品的原料经过深加工，已经与它们在自然界中的天然形态相距很远，这也就意味着其中蕴含的生命力已经大幅度损耗。而且为了营养均衡、口味和防止变质，里面又添加了大量的化学添加剂。

女人的光彩来自由内而外焕发的活力，这种生命力除了依靠自己内心的修养和身体的锻炼之外，选择食用那些更为天然更为有活力的食物也是一个非常重要的因素。

为此，我们应当选择那些在生产过程中得到了滋养的食物。它们生长在相对洁净的环境中，并且得到了培育者的善待。它们有足够的时间去慢慢地吸收天地的精华，按照自己天然的节奏来生长，并且没有被化学物质胁迫加快生长速度或增大体积，也没有被杀虫剂抗生素等药物荼毒。如果它们能够生长在野生的环境里那就更加理想。野生的食物有着最饱满的能量。

我们很有必要对进入自己和家人口中的食物负起责任来，真正地花些心思和精力去了解我们的食物从何而来，谁培育了它们，培育者的人品和理念怎么样，培育的方法又是怎样的。这一切都会对食物的品质产生决定性的影响。随着人们良心与健康意识的觉醒，国内已经有越来越多的有机农场出现。他们生产的健康食物可以通过会员宅配、团购方式或是在有机集市上购买到。

如果由于条件所限，我们无法保证总是食用那些纯天然的高品质食物，至少我们可以学习从能量层面上净化我们的食物。

读过《水知道答案》一书的朋友一定会了解不同的能量场对食物能量状态的影响。通常我们很难控制食物在生产和加工过程中被施加的影响，但至少我们可以在吃饭前对眼前的食物进行能量层面的净化。

当我们面对着食物，我们到底是怎样的心态？是心不在焉地想着或干着其他事情，或是被饥饿感占据着而狼吞虎咽，还是能够带着感恩和珍惜的心态慢慢品尝呢?

在有些传统的宗教仪轨中，饭前祷告或供养神明并非只是一种仪式性的流程，这样的方式确实有利于对即将入口的食物产生正向的影响，让食物含有更多的正能量，从而让自己能够从食物中获得更多的滋养。

食物的品质对于我们的健康、精神状态和性情都有着很大的影响。但很遗憾的是，在很多女性的价值观里，花上万块钱去买奢侈品、美容或旅游是值得的，但花同样的钱来长期购买能够真正滋养自己的食物她们却觉得没有必要。她们也不会在意食物的能量状态。只喜欢追求高大上的就餐环境，追求重口味，追求在用餐时的气氛。

作为女性，我们每个人都有充分的自由选择自己的生活方式，需要承担起自己照顾好自己的责任。真正的滋养，从天然的食物开始。

孙霖，资深吃货，曾经的美食专栏撰稿人，吃遍大江南北，寻觅令人心动的味道。近期致力于在餐饮行业促进纯健康饮食的发展，推动更多餐饮企业采用有机食材和不含化学添加剂的调料。

我们每个人，都有充分的自由选择自己的生活方式，需要承担起自己照顾好自己的责任。

吃从来都不是填饱肚子那么简单的问题

文 | 曹涤非

一沙一世界，
一花一天堂。
双手握无限，
当下即永恒。

——[英] 威廉 · 布莱克《天真的预言》

哲学家看来，人生只有三个问题：我是谁？从哪儿来？往哪儿去？

这三大问题就是人生观、世界观、价值观，让你了解和思考“主观个人、客观世界、人与世界的关系”。三者都是变量，故相生相克，永无止歇。对此老子早就揭晓了答案：“道生一，一生二，二生三，三生万物。”修行成道绝非易事，一心一意也需坚持，三大问题未必有解，偶尔犯二倒是不难。怪不得郑板桥说“难得糊涂”，“犯二”没准儿更快乐哪！

我辈从小树立的三观便是一分为二地看问题：天地、生死、阴阳、男女、君臣、父子、夫妻……一切皆不离二，即使我国在第三世界，世界亦分属两大阵营。而人生重要之基础，不过“食色”二字，所谓“食色性也，人之大欲存焉”（《孟子·告子上》），换作今天的语言，基本上指吃饭和做爱。吃饭，是正常人生活中的基本需求，不仅满足生理，也要满足心理；其中既有物质，又有精神。而做爱亦如是。

人来到这个世界，除了呼吸和哭，第三件事就是吃了。而从吸收营养的意义上说，吃是在人没生下来就已经在做的事。吃首先是满足生理需要。人饿了想要吃，吃饱还会饿，饿了要再吃，如此周而复始，直至生命终结。吃与生命相互依存，吃让人活下去，活下去意味着不能放弃吃。老话讲“能吃是福”，若人丧失了吃的能力，多半是病了，若长期不能进食，生命也将走到尽头。

如果说吃什么是自然属性的问题，怎么吃就是社会属性的问题。相比其他动物而言，人之所以吃饭，并非单纯满足生理需求。吃饱之外，更要吃好；生存之后，要讲生活。在大快朵颐的同时，精神也得以畅快淋漓，吃饭便由此升级为美食。所以自古以来，活着是只求填饱肚子，行尸走肉无非照顾皮囊，而能讲究色香意味形，注重食器客境天，甚或不时不食、非礼勿食，才算得上是真正的生活。

无论贫穷富裕、高低贵贱，每天都要吃，而且都要亲自吃，无法假手他人。是不是能吃上饭，当然不一定，“朱门酒肉臭，路有冻死骨”，人间不可能处处公平，人生不如意之事往往十之八九；然而是不是能吃出来，却是相对公平的，“谈笑有鸿儒，往来无白丁”，想得其中三昧，必要投入心力，吃前做好功课，饭中认真品尝，食后仔细回味，如此这般，方得点滴收获。都像猪八戒吃人参果，基本上算是白忙活一场，暴殄天物而已。

吃饭是人生存下去的基础，做爱则是人类生存下去的基础。虽然现在人类有了无性生殖技术——先不说这是进化还是倒退——但吃饭和输液肯定不能算一回事吧？做爱虽源于生物种族延续，但绝不简单是两性相交，只为繁衍生息。这其中不仅包含色相气味，也要看言谈举止，诸法因缘俱足，才可能达到灵肉结合、天人合一的境界。

从整个人类的角度来看，吃从来都不是填饱肚子那么简单的问题。如果说人从树上到地上需要好奇心，那让食物从眼里到胃里更需要勇气。对人类来讲，第一次吃到熟的食物可能源自偶然，但那之后便是必然。从采摘狩猎到渔牧耕种，从科学试验到生产加工，人类早就把对自然的被动索取扩展到主动争取。不仅吃的种类不断丰富，吃的方法，也层出不穷。从茹毛饮血到钟鸣鼎食，从煎炒烹炸到分子料理，基本上人类科学技术的发展进步，都能在吃饭这件事上得到具体体现。

做爱难道不是吗？安全套最初诞生并非为防病或避孕，对公元前 2000 多年的埃及人来说，那只是男人象征财富和地位的装饰品，作用不会比孔雀开屏求偶大多少。真正以降低做爱成本为目的的男用安全套，是公元17世纪英王查理二世的御医发明的，他本人也因此青史留名——Condom。据说现存最古老的安全套，是由鱼鳔和动物肠子制成，还好拜科技进步所赐，我们不必再浪费这些煲汤的花胶和卤煮的原料了。虽然大家在兴奋之余不用那么提心吊胆，但多薄的厚度才是两个人的最佳距离，不是简单的科学计算可以解决的，因为做只需要身体的交合，达到爱则需要心灵的交融。

都说菩萨之慈悲不可思议，众生之业力不可思议。故“贪”为佛家五毒之首，也是天主教的七宗罪之一，可见人的欲求永不满足，喜新厌旧才是原罪——当然这在某种程度上也成了人类文明前进发展的动力。为救护生命神农可尝百草，而人类自古为催情而尝试的食物，更是五花八门。从大麻到小豆蔻，从山药到曼陀罗，从东方的鹿血到西洋的葡萄酒，从北极的海狗到南美的蛤蟆油，还有数不清的各种鞭和各种草……甚至番茄在最早也被称为情爱苹果，不过估计这个效果还不如跳一段《小苹果》来得high。

道家讲双修是以男女作比喻，内丹外功才是阴阳平衡。食、色的本质当然不在数量而在质量；不在结果，而在过程。所有的形容词都是比较级，好坏优劣往往因人而异。须知品尝美食最妙的时刻恰恰不在腹中，而是舌尖。食色的完美结合肯定不是女体盛般的简单堆砌，有情饮水饱才是水乳交融恰到好处的食色境界。正如英国诗人布莱克的那首《天真的预言》：

一沙一世界，
一花一天堂。
双手握无限，
当下即永恒。

曹涤非，生活方式研究者和倡导者。

食色的完美结合肯定不是女体盛般的简单堆砌，有情饮水饱才是水乳交融恰到好处的食色境界。

Chapter 5

我想象故乡的桐花，
年年不败地开放，
只为了远方的游子，
在花开的季节里，
可以循着原路归来。

爱与孤独

文 | 周国平

谁此刻在世界上某处哭。
无端端在世界上哭，
在哭着我。

谁此刻在世界上某处笑，
无端端在世界上笑，
在笑着我。

谁此刻在世界上某处走。
无端端在世界上走，
向我走来。

谁此刻在世界上某处死。
无端端在世界上死，
眼望着我。

——[奥地利] 莱纳·玛利亚·里尔克《严重的时刻》梁宗岱 译

在舞曲和欢笑声中，我思索人生。在沉思和独处中，我享受人生。

孤独中有大快乐，沟通中也有大快乐，两者都属于灵魂。一颗灵魂发现、欣赏、享受自己所拥有的财富，这是孤独的快乐。如果这财富也被另一颗灵魂发现了，便有了沟通的快乐。所以，前提是灵魂的富有。对于灵魂空虚之辈，不足以言这两种快乐。

你与你的亲人、友人、熟人、同时代人一起穿过岁月，你看见他们在你的周围成长和衰老。可是，你自己依然是在孤独中成长和衰老的，你的每一个生命年代仅仅属于你，你必须独自承担岁月在你的心灵上和身体上的刻痕。

一颗平庸的灵魂，并无值得别人理解的内涵，因而也不会感受到真正的孤独。孤独是一颗值得理解的心灵寻求理解而不可得，它是悲剧性的。无聊是一颗空虚的心灵寻求消遣而不可得，它是喜剧性的。寂寞是寻求普通的人间温暖而不可得，它是中性的。然而，人们往往将它们混淆，甚至以无聊冒充孤独……

“我孤独了。”啊，你配吗？

孤独分为两种。灵魂寻找自己的来源和归宿而不可得，感到自己是茫茫宇宙中的一个没有根据的偶然性，这是绝对的、形而上的、哲学性质的孤独。灵魂寻找另一颗灵魂而不可得，感到自己是人世间的一个没有旅伴的漂泊者，这是相对的、形而下的、社会性质的孤独。

前一种孤独使人走向上帝和神圣的爱，或者遁入空门。后一种孤独使人走向他人和人间的爱，或者陷入自恋。

一切人间的爱都不能解除形而上的孤独。然而，谁若怀着形而上的孤独，人间的爱在他眼里就有了一种形而上的深度。当他爱一个人时，他心中会充满佛一样的大悲悯。在他所爱的人身上，他又会发现神的影子。

当一个孤独寻找另一个孤独时，便有了爱的欲望。可是，两个孤独到了一起就能够摆脱孤独了吗？

孤独之不可消除，使爱成了永无止境的寻求。在这条无尽的道路上奔走的人，最终就会看破小爱的限度，而寻求大爱，或者——超越一切爱，而达于无爱。

人在世上是需要有一个伴的。有人在生活上疼你，终归比没有好。至于精神上的幸福，这只能靠你自己——永远如此。只要你心中的那个美好的天地完好无损，那块新大陆常新，就没有人能夺走你的幸福。

有邂逅才有人生魅力。有时候，不必更多，不知来自何方的脉脉含情的一瞥，就足以驱散岁月的阴云，重新唤起我们对幸福的信心。

那些不幸的天才，例如尼采和凡·高，他们最大的不幸并不在于无人理解，因为精神上的孤独是可以用创造来安慰的，而恰恰在于得不到普通的人间温暖，活着时就成了被人群遗弃的孤魂。

独身的最大弊病是孤独，乃至在孤独中死去。可是，孤独既是一种痛苦，也是一种享受，而再好的婚姻也不能完全免除孤独的痛苦，却多少会损害孤独的享受。至于死，任何亲人的在场都不能阻挡它的必然到来，而且死在本质上总是孤独的。

当我们知道了爱的难度，或者知道了爱的限度，我们就谈论友谊。当我们知道了友谊的难度，或者知道了友谊的限度，我们就谈论孤独。当然，谈论孤独仍然是一件非常奢侈的事情。

周国平，当代著名学者、作家。
微信公众号：周国平 zhouguoping6666

每个人都是孤独的

文 | 鬼脚七

有一夜，我对星星们说：
“你们看起来并不幸福；
你们在无限黑暗中闪烁，
脉脉柔情里含着痛苦。”

仰望长空，我似乎看见
一支白色的哀悼的队伍，
贞女们忧伤地络绎而行，
擎着千千万万支蜡烛。

“你们莫非永远祷告不停？
你们莫非是受伤的星星？
你们洒下的不是星光呵，
点点滴滴，是泪水晶莹。”

“星星们，你们是人的先祖，

你们也是神的先祖，
为什么你们竟含着泪？……”
星星们回答道：“我们孤独……
每一颗星都远离姐妹们，
你却以为她们都是近邻。
星星的光多么温柔、敏感，
在她的国内却没有证人。

“她的烈焰放出满腔热情，
默然消失在冷漠的太空。”
于是我说：“我懂得你们！
因为你们就像心灵。

“每颗心发光，离姐妹很远，
尽管看起来近在身边。
而她——永恒孤独的她
在夜的寂静中默默自燃。”

——[法国] 苏利·普吕多姆《银河》

最近发生了一些事情，自己身上的，外面世界的。坐在电脑前，想着自己的那些往事，浮现在心中的是无限的孤独感。

有一天，孤独诗人普吕多姆问星星：“你们为什么看上去那么忧伤？”

星星回答说："我们孤独……每个姐妹看上去很近，但其实离得很远！"普吕多姆是第一位诺贝尔文学奖获得者，我最喜欢他的两首诗，其中一首就是《银河》，在我的自媒体文章中多次提到过。这段对话，就来自《银河》。

有一次有朋友问我："你每次一个人静静地写文章，不觉得孤独吗？"

我回答说："在熙熙攘攘的大街上，你不觉得孤独吗？"

或许，人生来是孤独的。每个人都希望有知己的朋友，希望有永恒的爱人，希望有儿女相伴，都是在期望减少这种孤独感。但这种孤独与生俱来，千百年来，无从改变。

并不是某颗星星孤独，而是所有星星都孤独。星星们回答"我们孤独……"，多么震撼而又伤感的画面。

星星们为什么孤独？

虽然它们彼此看上去很近，但相互离得很远很远。每颗星星的烈焰放出满腔热情，都默然消失在冷漠的太空。这又是多么无可奈何的一件事。

看到这里，不用我提醒，你也会联想到自己：你认识那么多人，你们看上去很近，但又有几个人真正懂你？你们之间的真正距离，或许比星星之间的距离还远。

你的心灵生活的世界，不就是一个冷漠寂静的太空吗？这个太空中，看不见别人，只有自己。

你那永恒孤独的心灵，在夜的寂静里，默默自燃，直到死去……

是的，你也孤独。不过你并不孤单，因为每个人都是孤独的。

前些天，我和舅舅聊天。我舅舅比我大八岁，没读什么书，经历过很多事情。他从老家过来帮我开车，之前说要跟我一起交流修行。

我俩在咖啡馆要了一壶茶，边喝边聊。聊人生，聊情绪，聊禅修。

聊着聊着，他忍不住号啕大哭，完全不在乎咖啡店里的人来人往。他说他终于明白了：原来一切都是头脑编的故事。

看着他的眼泪，我也被深深地震撼到。那种眼泪，来自心灵的孤独。

你以为自己有朋友、有亲人、有爱人，以为他们离你很近，但有谁真的触碰到你的心灵？

在这个浮躁复杂的社会，你连自己都会忘记心的存在。每天都用头脑在赚钱、计算、烦恼、发脾气……

那颗心，永恒孤独的那颗心，自己一个人在夜的寂静中默默自燃，直到烧尽。

上次遇到一位修行的老师，Sudheer。他说："如果你向内看足够深入，会发现那个世界里，每个人都是单独的。"

单独 (alone)，是一种存在状态；孤独 (lonely)，是一种感觉。正是因为这种单独，让每个人都容易产生孤独感。

我说："其实，每个人都是孤独的，一部分人不承认，另一部分人还不知道。"

鬼脚七，电商奇才，自媒体专家。偶尔深沉，偶尔文艺，走在修行的路上，做一个有思想的人。

微信公众号：鬼脚七（taobaoguijiaoqi）

当有一天我们老去

文 | 成果

如果可以，我想比你晚几年再死，
留我在人间，打扫一些身后事。
每天散长长的步，一个人做饭，
就足以忘记所有的琐碎不快，
以及你的坏脾气。

——柏邦妮《我想比你晚几年再死》

有一首闽南语歌曲叫《家后》，说的是身为人妇的心情，其中有一句的意思是“等到离去的时刻来到，我会让你先走。因为，我会不舍，留你为我眼泪流”。每一场婚礼最神圣也最感人的时刻就是宣告誓词，当证婚人说到新人经过相识、相知、相爱、相守走进婚姻殿堂，所有宾客肃然起敬，这其中最难的就是相守吧。

我有一个女生朋友秦小姐，她漂亮的程度超过了很多妖艳女明星，加上时尚杂志编辑的工作，说她追求者从世贸天阶排到了国贸一点都不为过，跑车、鲜花、名牌包一样都不缺，但她的情路却并不顺遂。眼看着就要三十岁了，从小秦变成秦姐，从编辑到了总监，每个月都会接到手下同事、公司前台的结婚请柬，甚至开始流传她即将成为下一任主编，正式踏入事业为重、家庭空洞的女强人行列。她终于忍不住问我：为什么我就是嫁不出去呢？我说：亲爱的，你的条件好有眼睛的人都看得到，身边的追求者个个高富帅也不是你配不上，你绝对是这个城市里的最佳女朋友，但要想成为最佳妻子，你做好准备了吗？

后来我们因为各自忙碌很少见面，两个月前的一场活动上她一如往常地携了一位男伴出席，跟我打了个招呼后就不见踪影。我身边的张小姐还说，你跟秦小姐吵架了？她怎么对你爱答不理的。我仔细观察了她一晚，除了跟几个熟人打招呼她就一直陪在那个男人身边，不再像以前花蝴蝶般穿梭在各位嘉宾之间交换联系方式、四处逢源了。我跟张小姐说：好事将近。

几周后，秦小姐发了一条朋友圈，晒了一颗硕大的钻戒，同事、朋友，甚至不相干的人都大为惊讶，只有我早已猜到了结局。几天后，她约我吃饭，说她辞职了、结婚了、准备做点小创业。我微微一笑：你做好准备了？她说：我终于明白了婚姻跟恋爱的区别，当你决定进入家庭的时候，为两人做饭、策划二人旅行、考虑买房生子、伺候双方家长，两个人成了一家人，要更多地为对方着想。什么名牌、豪车、鲜花现在对于我而言还不如当季最好的水果、新鲜的大闸蟹、一张舒适的双人床垫有吸引力。我向她给予了衷心的祝福：我就知道你一定能找到自己的幸福。她说：当我意识到自己快三十岁的时候很恐慌，大家说所有的男人都喜欢二十多岁的女人。我说：才不是这样，什么叫好男人？经济稳定、思想成熟、玩过了的才叫好男人。当好男人决定结婚时，他们要的一定也是同样的女人，每个男人都会找二十多岁的女人恋爱，但只会和已经做好准备的女人结婚。

我身边有很多女生朋友，她们都精致又优秀，有的二十多岁，有的已近三十，剩女、败犬跟她们毫无关系，我也从来不担心她们嫁不出去，因为她们只缺一样东西，做好成为人妻、担负家庭的准备。只要那一刻到来，她们的幸福就配得上“执子之手，与子偕老”。

我身边还有一位，柏邦妮小姐，她是我既能把酒言欢又能把酒话惆怅的好友，我们经常在一起聊感情、聊感情、还是聊感情，直到有一天，她写了这么一首诗。

如果可以，我想比你晚几年再死，
留我在人间，打扫一些身后事。
每天散长长的步，一个人做饭，
就足以忘记所有的琐碎不快，
以及你的坏脾气。
这时，死亡已不很远，
像一条浅浅的河，

你在彼岸，我在此岸。

像看一幅画，

有了点距离，反而更鲜明。

像读一本书，

眉脚空出，有了留白。

云深不知处，不能说懂你，

尽管和你在一起漫长的时光。

雾散云收，我看见山的全貌，

头发上还带着露水，我就出发，

去见你，去读给你听。

年轻的时候我们恋爱，总是谈条件，长相、身家、职业。成熟了以后我们才明白爱是生活、是陪伴、是守护，这才是相守吧。回家有人做口热饭，天冷有人暖脚，有人帮你照顾父母，有人愿意一直听你说话，失业的时候告诉你有他在别怕，生病的时候陪同在左右，老了推你出去晒太阳……我很喜欢上海人的那句口头禅：老了老了。我们总会有老的那天，也会有死去的那天，在临终的床榻边能握着一个人的手合上眼睛是我能预见的人生中最浪漫的事。就像《家后》里唱的那样：等到离去的时刻来到，你要让我先走。因为，我会不舍，看你为我眼泪流。

成果，新果文化创始人，独立出版人。

让伤痛在生命中开出艳丽的花朵

文丨金颖

想念你的时候，
就孕育了这场雨。
一切都很自然，
在一个早晨醒来，
只为刹那间重温你在我梦里的温暖。
春天的香气，
都唤不回想你的绚幻。

此时我所在的城市细雨和风，
在我的指尖，
想象着昨夜花开。
许多的思念，
一朵一朵地向着黑暗中的你。

我让自己残缺，
我取体内的盐取暖，

我苦守寒夜为你写诗，
而你身在远方，怎能，
感知我内心的潮湿。
无人陪伴的夜晚，
我就会这样想念你。
其实，你与我，
近在咫尺，
却远在天涯。

远近并非距离，
我一日日闻见你身体的香，
你却把月光当作屏风，
隐忍不发，
一动不动。

回想那一夜的城头，
春雨也像昨夜由南而来。
你坐在火中，
热情如焰，
全然不顾身旁春雨不息，
不顾花开花落。

那夜，
你梅花般光洁而动人的笑，
我已指触不及。

多想在人前拥你入怀，
多想与你同看，
春暖花开。
可我穿不越那万重关山，
这种爱不能张扬。
你泊在我荒凉的手上，
你泊在我热烈的情欲中，
你的暗香开在我的骨头里，
无与伦比的那种情感，
越疼越艳。

你是我丢在前生的，
一滴眼泪，咸咸地在我的嘴里含着，
经久不消，
一如我切切不肯放弃的诗句。

我想象故乡的桐花，
年年不败地开放，
只为了远方的游子，
在花开的季节里，
可以循着原路归来。

——鲁育宗《暗香》

那曾经浓烈却又逝去的爱，“不能张扬”，更不愿提及。“你泊在我荒凉的手上”，更荒凉的记忆却无处停放。“你泊在我热烈的情欲中，你的暗香开在我的骨头里”，想忘掉，却又常常在不经意间想起。

我想，可能在每个人的心里，都有一段想忘却又忘不了，而每每想起就感觉心痛的往事。曾经的那个 Ta“热情如焰，全然不顾身旁春雨不息，不顾花开花落”，曾经的那个自己认定要和这个人一辈子白头到老。而如今，那“梅花般光洁而动人的笑，已指触不及”。

我爱上这首诗的时候，正值失恋。那个信誓旦旦说要娶我的人，突然就无影无踪了。当一个人失恋的时候，你会感受到那种欲罢不能，明知没有希望却又放不下的纠结。“许多的思念，一朵一朵地向着黑暗中的他”，其实，你并不想要去想他，但辗转反侧的夜晚，你会用自责、怀疑来“让自己残缺不全”。你留恋那个曾经的拥抱，可在无人的夜，你只能“取体内的盐取暖”。你在无数个无眠的夜晚哭泣，但那个人“身在远方，又怎能感知我内心的潮湿”？！后来，我才慢慢意识到，不是我放不下这个人，而是我放不下曾经的期望；我不是离不开这个人，而是不舍得自己的那份情；我没有自己以为的那么爱他，我只不过接受不了被遗弃的感觉。再后来，我又发现，当初以为自己再也不会爱了，只不过是一时的感触，当你再次遇到一个对的人后，会发现曾经自己的纠结都是浮云。

如今，读到这首诗，还有着一丝淡淡的忧伤，还会想起那个人。凡走过必有痕迹，所有发生的一切，我们都是无法遗忘的。我们的潜意识忠实地记录着各种讯息，无论是美好的还是伤痛的，是我们喜欢的还是不愿意接受的。于是，有些人选择压抑和回避，假装自己毫不在乎的样子去开始和面对新的生活。而又有一些人却选择了自我折磨，一直强迫自己遗忘却总是忘不了，让自己一直生活在心碎的过往里。

其实，让伤痛在生命中开出艳丽的花朵，是一种生活的艺术和智慧。无论你是回避、压抑还是强迫遗忘，都是因为自己无法面对曾经的失落和伤痛，也更加没有找到伤痛背后的礼物。当爱已成往事时，我们需要的不是遗忘，而是处理好自己的情绪，找到其中的意义，并选择持续地相信。当自己无法欢笑时，想哭就痛快地哭吧，不要让那些负面的情绪成为心灵的雾霾来侵蚀你的信心。不要害怕和压抑你内心的忧伤，虽然说一个人要积极正向乐观，但没有忧伤的话，快乐的意义又何在呢?

我有一次因为父母的吵架而在微信朋友圈提及自己的委屈伤心失落的情绪，结果就有无数的提醒和建议，还有人表达失望，认为作为一个心理专家和公众人物，不应该传递负面的情绪，而要时刻保持自己的正能量形象。你看，我们大多数人都谈“情”色变，都在压抑和抗拒自己的消极情绪。都简单地认为：快乐越多越好，悲伤越少越好。当身边的人在难过哭泣的时候，我们最常说的话是：不要哭了！所以，我们也要求自己不哭，要求自己假装坚强和不在乎，我们不想让别人觉得自己无能和脆弱。但实际上，快乐、幸福、坚强、包容、勇敢……和忧伤、难过、失望、愤怒、挑剔、怯懦……组合在一起，才有了真实而完整的“我”和丰富的人生体验。

所以，我喜欢带些忧伤的诗词，我喜欢在其间去回味自己多滋多味的人生。只要我们可以真正认识到，所有的伤害都是一次蜕变的机会，所有的伤痛背后都有礼物。当我们学会打开这份礼物，找到其中的意义和价值，并保持住对生命的信任时，你会发现，忧伤一次次穿透你的灵魂，却让伤痛在生命中开出艳丽的花朵。

“越疼越艳”地活着，才是真正完整、精彩而圆满的人生。

金颖，著名心理专家、心理作家、北师大心理学博士生。
微信公众号：金颖（ID：amalajin）

珍惜你的脆弱，这是一切的起点

文 | Amy

可以采花的时机，别错过，
时光老人在飞驰：
今天还在微笑的花朵，
明天就会枯死。

太阳，那盏天上的华灯，
向上攀登得越高，
路程的终点就会越临近，
剩余的时光也越少。

青春的年华是最最美好的，
血气方刚，多热情；
过了青年，那越来越不妙的年月会陆续来临。

那么，别怕羞，抓住机缘，
你们该及时结婚；

你一旦错过了少年，
会成千古恨。

——[英]罗伯特·赫里克《给少女们的忠告》

我猜每个女人多多少少都有点“小公主综合征”，幻想着自己变成了童话中的美丽的公主，虽有重重险境，终会有一个高富帅的白马王子，救她于危难，然后开始了鲜花、美酒、人神共庆的美好姻缘。我猜罗伯特·赫里克的那首《给少女们的忠告》，就是在苦口婆心地劝说着天下的美少女们，任性享受、挥霍每一个女人的生命中最饱满的那段时光，“有花堪折直须折，莫待无花空折枝”。许多年前，《死亡诗社》这部电影中，那个新文学老师基廷(Keating)，在第一堂课上让学生朗诵的诗《给少女们的忠告》，印象最深的是，他随后教导学生“把握当下”。

当爱情伤害我，我也伤害了自己

在心灵成长的道路上，重要的学习，就是与自己的身体连接，能够倾听到“他／她”的声音。我很喜欢和身体对话，从中得到好多有益的讯息。在这些对话当中，我做得最好的是和“脖子疼”对话，每当脖子疼的时候，我会找地方安静一阵子，专注地对自己发问：“我为什么这么累、这么疼？你告诉我一下？”接着我的身体会告诉我，是因为压力大，还是因为不开心等。

我对乳房也有感受。我在大约2009年，曾接受时尚杂志邀约拍过“粉红丝带”一组身体照片，那时候我对女人的身体产生了很大的好奇，因为我母亲得了先发的乳癌，虽然后来她是因为肺癌过世，但她的病是从乳癌开始的，这让我对乳房特别感兴趣。

我学过乳房按摩，觉得乳房这么柔软、这么美，又如此踏实，是一个很美好的器官。

而子宫，这个造物主最原始的领地。这么重要的地方，我却根本连接不上。

每当我试图连接子宫的时候，总是毫无感觉，好似子宫离我特别遥远。这么多年来我思考这件事，我发现让我和我的子宫疏远的，是长久的伤心与自弃。

十几年前我的第一段婚姻结束了，但我的心困在伤心的情绪里。人变得无比自卑，认定自己是“不够好”才被“抛弃”的。我不觉得自己美，也无法欣赏那些女性特质，我更是把自己打扮成了土气臃肿的人，比如我原本可以穿四号尺寸的衣服，但是我偏要买八号。

我非常抗拒我的女性特征，只穿宽大的衣服，务求盖住全部的身体。这样我才会有安全感。更坚定地认为自己不漂亮、不受欢迎，“漂亮的人才会得宠，但我不是。”

当身边的一些男士对我有好感时，我总觉得奇怪：“我这么朴素平凡的一个人，有什么好让人家喜欢的？”后来有人告诉我：“Amy，你是个很有女人味的女人。”

女人味？其实，那是我从小到大，经常散发的一种特质、气质，我用许多方式来掩盖自己的女性面，但是那种母性的特征、那种温柔，是我无法掩盖的。

在三十五到三十六岁的时候，我上了各种心理课程，我的女性自觉才开始被启蒙。在二十五到三十一岁间，我一直认为“人家不爱我”或“我不值得爱”，那段时期发生过两次血崩、几次闭经。

即便如此，我并没有因此停下经营事业的脚步。那时我猜我有抑郁症，可是却不知到何处找到应对方法。三十六岁之后，我开始准备试管婴儿，结果卵子都取不出来，医生直接对我说："做不了，别做了，根本没有。"我听后泣不成声，我开始深刻地反省，思考："我到底对身体做了什么呀？"

事业飞黄腾达，身体却油尽灯枯

事实上，当心枯萎的时候，卵巢和子宫就枯萎了。身心俱损，因为那场失意的爱情。十几年前，我日夜颠倒，疯狂工作。那段时光，我能够想起来的感受只有麻木与痛苦。

不只是子宫出了问题，我的乳房也有纤维囊肿，中医说"这是心志郁结"，而西医也会说这是"压力"的结果。多年的不开心，让我丧失生育能力，是我对不起自己。

当我明白了这一点，我找很多方法来疗愈身体，除了中医，也学习如何用呼吸来纾解心结。现在身体当然好了很多。尽管从三十六岁起，我开始爱自己了，我开始照顾身体和心灵了，但是先前身体遭受的损伤太致命了，还是很难恢复。

每次做试管手术，我都带着极大的决心，但是失败之后我承受的压力更大。那种压力与痛苦是"我到底都对身体做了什么了"的强大愧疚感。

如果让我重新选择，我会用另一种方式消化伤心，而不是毫无觉知地自毁。这么多年的抑郁，就像毒素，而我让身体和心灵就像腌咸菜一样，腌在这些毒素里那么久！现在我越来越向内看，能量不再向外，这是我刻意在收敛自己的能量。

冻卵要及时，为自己留下一个当母亲的机会

我以自己的经验来奉劝所有女人。我劝你："快把你的卵子冻起来吧！"

一般来说，三十六岁是一个女人的巅峰状态，这时候的卵子是最高级的卵子状态，过了这时期，卵子的状态就会往下走。如果在这个阶段，先把卵子冻起来，卵子的生命力就能永远停在旺盛的阶段，这是为自己保留一个机会。我们也可以放下了，放心地让身体老去。

这也是我"给少女们的忠告"——莫要忸怩错良缘，趁此春光嫁少年。随着生命的节奏，自然地成长！

始终与自己同在，这才是真正的成功

无论如何，不要为了工作而禁锢、否定女性能量，比如当月经来的时候，可能连爬楼梯都觉得痛苦，但是我们的身体就是天生这么精致脆弱，何苦偏要玩命，抵抗这个自然的规律？

女人的身体就像大自然，大自然有高昂的时候，也有低落的时候，好比月亮是有圆缺的。月经就是女人一个月里的生命轮回，每一次来月经就是一个创造，那是卵子脱落的时候，是一个多么神圣的过程！

以前我不懂这些，月经来的时候经常很生气：“为什么这么麻烦？还不如没有呢！”想想，这想法多委屈我的身体？我的身体正在行使一个创造生命的过程，起码要感谢她让我拥有一个这么奇妙的大自然女人独有的生命周期！

在我职场上最有成就的时候，也是我最封闭心灵的时候，当血崩、闭经等症状出来的时候，我只会抱怨：“我工作得那么辛苦，你还给我这样！”实际上，那都是身体在提醒我：“你该停下来了。”如果我当时停下来了，可能今天就没有这么重的恶果。

创造一个生命，就像照顾一个孩子，不能只是催促、逼迫他成长，还需要很多陪伴、滋养；高潮与低潮的时候，都必须与之同在，即便是低潮的时刻，也有意义，我相信女人的身体就是要让我们学习这个创造本质。

成功与失败都是暂时的也是相对的，但学习是永恒的，就算是失败，也有值得学习的教训与值得分享的经验。而人生最不可丢失的便是自己，我们一路上的学习便是为了活出更好的自己，特别是女人——没有一种学习必须否定女性特质，没有一种成功值得用牺牲女性特质来换。

Amy，彩虹书吧创始人，领导力讲师以及商业教练、培训师、咨询师。《活过来，你可以》作者，《4D卓越团队》与《看脚趾懂孩子》两本书的译者。

人生最不可丢失的便是自己，我们一路上的学习便是为了活出更好的自己。

承认吧，我们都缺少勇气

文 | 周丽瑗

你有你的铜枝铁干，
像刀，像剑，也像戟；
我有我红硕的花朵，
像沉重的叹息，
又像英勇的火炬。
我们分担寒潮、风雷、霹雳，
我们共享雾霭、流岚、虹霓。
仿佛永远分离，
却又终身相依。

——舒婷《致橡树》

在这首著名的《致橡树》问世后的两个月，我来到了这个世界，它等待了我二十年，我才遇见它，再兜兜转转十多年，我才真正读懂它。

由于兴趣和工作的关系，我的来访者里大多是单身大龄女青年，我的很大一部分工作是倾听她们的吐槽，而往往她们一开口，我就猜中了故事的结局。这真不是我厉害，只是这场世间的游戏无非就这几种玩法，变来变去换汤不换药，而令我们痛苦的点无非就是那么几个。细细地总结过来，我们迟迟无法得到幸福的婚姻，无非就是卡在两个阶段：相遇和磨合；换句话说就是：怎么找到那个人，怎么和那个人顺利进入婚姻，又怎么能永远幸福地在这个婚姻里。围绕着这两个阶段产生的问题虽然千奇百怪，但万变不离其宗，因为解决这两个阶段问题的方案，其实就只有一个：勇气。

“我知道自己胖，但就是减不下来，应付工作还来不及，等以后有时间了我再减，减下来我再去相亲吧。”同样的论调还有：“我知道我不会打扮”“我知道我圈子小”。一切的“我知道但就是不改”被“没时间”粉饰得堂而皇之。如果真的是没时间，为什么还来找我求教怎么找男朋友呢？说穿了只是没有勇气去改变自己，害怕改变以后仍然像现在一样没有人来爱你。

“我真的不确定他是不是我的终身伴侣。你一直说，通过关系来修自己，可我真的没有勇气去面对婚姻当中可能出现的更多的困难。”同样的论调还有：“人家说结了婚男人就不拿女人当回事了”“我就这样嫁给比我物质条件差的他，那我干吗要结婚呢”。这样的论调往往有更多的支持者，一旦抛开，便是无数的“身边人的凄惨故事”出现，未婚女青年们尤其热爱这个梗，看看北上广的离婚率，再看看我们已婚闺蜜们在婚姻中的一地鸡毛，啧啧，婚姻，真的没啥意思。说这些话的女青年们当晚贴了个假睫毛绑上一个加厚的Bra，充满期待地去相亲了，留下那些恐婚的女青年不知所措，还有这么多女生找不到男朋友，到底要不要轻易放了我手里的这一个？你到底是在担心什么呢？说穿了，无非是只想得到这个人给你带来的好，却没有勇气去接纳他给你带来的不好。每个人都想在婚姻里获得自己的利益最大化，高调唱着“婚姻要谨慎”，转过身都是在打自己的小算盘。

不只是婚姻爱情，我等着老板给我加了薪我再付出更多的努力；闺蜜如果出国忘了给我带礼物，那以后也别想让我记着她；父母在我的成长过程中制造了那么多的伤害，我今天的这一切都是他们造成的。我们内心虚弱无比，好让我们减压的最简单的方法就是举起右手，指向靠我最近的人，谴责他，控诉他：为什么，你不能先给我？！

那你为什么不能先给他呢？

我们都是被言情剧祸害的一代，那些痴情的完美男人，从小就被我们当作理想的终身伴侣。很显然，嫁给那样的完美男人可以降低很多的婚姻风险，于是伴随现实中逐年攀高的离婚率，我们只能在一次次失望中寻找。而我们的父母那一代，年轻时没有看过言情剧，恋爱只是简单到匆匆相了个亲，便义无反顾地扎进了鲜花与荆棘并存的风雨同舟中去。在上初中的时候我问过我的母亲，为什么当年面对家里这么清苦的日子、生活上那么重大的变化和打击，依然可以选择留在这段婚姻里，侍候老公，带大一双儿女，你究竟哪里来的勇气？母亲不假思索却无比淡然地说："那还能怎么样？总不至于离婚吧？！"现在想想，这样的孤注一掷，却是我们这代人身上最缺的勇气。我们习惯于给自己找很多的后路，婚前百般挑剔，对对方各种综合评估，一定要让自己婚姻的风险系数降到最低；婚后各种不忍，暗礁互撞，让我们时不时掉转船头，想要逃离当初这个瞎了眼上错的船。我们只爱做攀援的凌霄花，我们不敢去做英勇的火炬，更没有勇气去面对寒潮、风雷、霹雳。

我们没有勇气去承担自己瘦身后仍然等不到暗恋男神的芳心，我们没有勇气进入一个完全陌生的圈子，害怕只是被更多的数字证明自己不值得被爱。我们没有勇气去面对恋爱磨合中那些惨不忍睹的本来面目，我们没有勇气面对婚姻理想幻灭后又要面临生活带给我们的失望和无奈。无论有没有真实发生，我们被惊得小心翼翼，草木皆兵。你会说，站着说话不腰疼，我们这样小心是因为曾经伤得太痛，是悲催的现实教会我们要保护好自己。你说的对。如果生活给了你一鞭子，你一直痛恨那条鞭子，却不敢去想为什么挨鞭子的人是你，你将永远得不到长进。你也可以继续留守原地，的确你不需要去承担可能失败的风险，只是停留在旧的方法和环境里，你只能拥抱旧的结果。

你所有力量的匮乏，都来自你没有勇气面对自己。那些与你一面之缘的男人对你的挑剔，那些亲密关系中撕扯掉面具下的丑陋的自己，那些掰着手里的人民币担忧什么时候能买楼的怨气，就像一部X光机器，让我们对自己的不满无处遁形，那些我们精心隐藏了几十年的创伤，我们不敢承认独自面对生活的无能为力，就这样被赤裸裸地反映出来，不留情面地拍了张照片塞到我们手里。

观察我身边的幸福婚姻，都有相同的特质：女人的态度决定了她们所在的婚姻的质量，无一例外。而她们的男人最看中的就是在自己犹豫和脆弱时，女人小小身躯下蕴藏着的巨大勇气，那份勇气让他们坚定，这枝红硕的花朵值得终生相依。

拿着你的这张X光片，去面对它的存在。幸福不是别人给予，只来自我们自己的勇气。

周丽瑗，专栏作家，国家二级心理咨询师，二级婚姻家庭咨询师，亲密关系辅导专家；授课、写作、心理咨询；擅长用犀利的洞察、温情的关怀陪伴单身男女走进亲密关系、拥抱幸福婚姻、实现个人成长。微信：13621665808

人生的分离

文 | 王雪岩

瀑布的水逆流而上，
蒲公英种子从远处飘回，聚成伞的模样，
太阳从西边升起，落向东方。

子弹退回枪膛，
运动员回到起跑线上，
我交回录取通知书，忘了十年寒窗。

厨房里飘来饭菜的香，
你把我的卷子签好名字，
关掉电视，帮我把书包背上。

你还在我身旁。

——香港中文大学微情书大赛《你还在我身旁》

短短的句子，曾让多少人掩卷潸然？我们这一生中，与父母、与儿女之间的情感，大约是我们这一辈子所经历的最复杂，也最令我们投入的情感。随着年纪的增加，生活中越来越多地看到痛失亲人的悲伤，也越来越多地看到，人类情感的复杂与多元，有时候，这些复杂的情感，是比悲伤更加令人痛苦的。

在这首小诗中，我们看到一个孩子对所失去父母的思念：愿时光倒流，一切都没有发生，我只期待，你还生活在我的身旁！这首诗，唤醒了我们对于失去父母亲人的悲伤，虽然痛苦，但是，在某种程度上讲，这样的痛苦体验也是幸福的，因为这些痛苦里，隐含着满满的爱恋，正是因为爱的联结还在，所以我们才感受到了失去的痛苦，而这是面对丧失时的正常反应状态。对于另一些人来讲，当他们面对失去亲人时，采取的却是完全不同的方式，而那些方式背后所隐藏的痛苦，可能比悲伤还要折磨人。

有一位妈妈，独自带着儿子长大，而原本，她有丈夫和两个儿子。她的丈夫和大儿子在一次意外中同时离世，从此后，家里只剩下了她和小儿子共同生活。在那个年代，一个女人独自抚养一个孩子是非常艰难的，但她是个要强的女人，她几乎从来不向别人求助，所有的事情她都只与儿子商量，而那时，她的小儿子才五六岁的样子。

儿子眼中的妈妈是这样的：自从爸爸和哥哥去世以后，妈妈变得很胆小，总是会告诉他不要相信任何人，因为任何人都可能会算计他们娘儿两个。这还不算，暗夜里，妈妈常常会抱着他，跟他讲爸爸有多么多么糟糕。他那时候很生妈妈的气，因为他跟爸爸原本关系很好，他不想听妈妈的这些抱怨，因为他觉得："人都死了，怎么还能说他不好？"后来这个儿子长大了，他与母亲之间有很强烈的冲突，以至于他后来跑到国外去生活，其实就是要远远地躲开妈妈。

这母子二人都非常痛苦，痛苦的来源，并不仅仅是他们两人之间的冲突，还有更重要的一个影响，是来自两个家庭成员的意外死亡后，尚未完成的哀悼。所谓哀悼，就是理解和体验丧失所带来的种种体验，并且最终能够接受丧失这个事实的过程。但是，母子二人在灾难袭来时，都没有去真正地进入这个过程，所以表面看起来他们可以"顽强"地生活下来，其实，那个没有完成的过程，已经完全破坏了他们的生活。

对于母亲，丈夫和长子的突然离世，把她一下子推到了必须承担起全部家庭责任的位置，这会加剧她对于丈夫突然离世的愤怒。是的，是愤怒，所以她才会在小儿子面前不断抱怨丈夫不好。那么，为什么是愤怒，而不是悲伤呢？因为悲伤的情感，需要建立在爱的基础上，而爱的体验，是深埋于愤怒、恐惧等情感之下的，因为这样的情感分层能更好地保护我们远离危险，只有恨被处理了之后，爱才能浮现出来。当她的丈夫离世后，她既会有对于丈夫抛下她自己在这个世界上，永远离开她的愤怒；也会有不得不承担原本属于丈夫的责任的愤怒；还有对于未来的不确定的恐惧所带来的愤怒，等等。所有的这些愤怒，

都以责备丈夫的形式呈现出来，愤怒对她是有用的，因为愤怒可以让她感觉自己是有力量的，这些力量可以帮助她面对生活的压力；同时，当她愤怒时，她也就不必体验失去亲人的悲伤和无助。可是她小小年纪的儿子，是无法理解妈妈内心的这些痛苦的。所以，妈妈的抱怨会造成他哀悼过程中更多的困难，同时造成困难的，还有来自妈妈的恐惧，也就是妈妈不断告诉他别人都是不可信的——这是有些偏执的状态——而她这个恐惧，恰恰可能来自家人的突然离世所造成的严重失控感，感觉这个世界随时随处充满了危险，但自己又没有能力去阻止，唯一能做的事情，只有逃开。

对于儿子来讲，当他失去爸爸和哥哥时，是非常痛苦的，也是非常冲突的。在妈妈和爸爸之间，他无法找到一个平衡点，一方面是对爸爸的爱，另一方面是所依赖的妈妈不断说爸爸是个坏人，这是非常撕裂内心的体验，让他无法确定自己的情感到底是对的还是错的，也不知道是该爱爸爸还是该恨爸爸。这就造成了他成年后对于情感的混淆状态，当他走上工作岗位后，他既不清楚别人的行为是对是错，也无法区分别人对自己是好的还是不好的，更不知道是该去信任别人还是戒备别人。他与母亲的关系也非常冲突，既相信妈妈是这个世界上最爱自己的人，所以应该相信妈妈的话；又常常感觉被妈妈控制，所以常常与妈妈发生强烈的冲突，最终他只能选择逃开妈妈来远离冲突性体验。

如果时光能够倒流，当年这对母子有机会完成哀悼的话，会是什么样子呢？也许妈妈可以获得情感的释放，也许能够有机会发展一段新的感情，那样的话，她就不必将小儿子当成唯一的诉说对象，小儿子也就有可能不必承受那么多冲突体验，也不必对情感有那么多混淆，那他现在在工作中可能就不会有那么多困难。

那么，怎么样才能完成这个哀悼的过程呢？

当亲人离世后，我们通常会经过五个阶段：否认、愤怒、讨价还价、抑郁、接受。

简单点说，否认就像前面那首诗里说到的：如果一切都不曾发生，该有多好，我们拒绝意识到亲人已经离去，我们宁愿相信在某个特别的时刻，他们还会回到我们身边。

愤怒阶段就像那位妈妈在做的，她不断将她对丈夫的愤怒告诉孩子，如果她在成人世界来处理，对她处理失亲的情感是有帮助的，但是她倾诉的对象选择了年幼的孩子，就会给孩子带来伤害。

然后进入讨价还价阶段，那位母亲曾向单位提出过各种要求，但是都被拒绝了，这也是她后来对他人充满了愤怒的一个来源，也加剧了她对外部世界的不信任。

当各种努力都尝试过后，不得不面对失去亲人的痛苦，就会进入抑郁阶段，这时候会体验到非常强烈的痛苦。我们之所以会痛苦，是因为当我们与所爱的人在一起时，我们会吸收他们身上爱的品质到我们自己的心理空间，当亲人去世后，他们带走了那部分爱的品质，就像我们自己的某一部分也跟着死亡了。所以，我们会非常痛苦。

进入接受的阶段，代表着我们承认亲人已经离世，而我们对他们的爱依然留在我们的内心。到了这个阶段，我们就可以比较坦然地面对亲人死亡这件事了，但是这并不代表我们不会哀伤，只是我们的生活不再被哀伤所控制，所以我们也就有能力比较平静地过好我们自己现在的生活。

所以，对于丧失亲人这件事情，我们是要经过一段时间的处理和消化才能真正面对的，当我们处于哀悼的过程时，我们需要温暖的陪伴，也需要共情的倾听，这些爱的体验可以帮助我们平复失去亲人的痛苦，但是无论怎样，当丧失袭来时，我们最不需要的，就是看似完全能够自己应对的“坚强”。

王雪岩，石家庄德正社会心理服务中心首席咨询师、督导师。长期接受系统连续精神分析训练，临床案例经验8000小时。工作邮箱：wxy.niuniu@163.com

我走了很远的路，才找到家门

文 | 余莹

我旅行的时间很长，旅途也是很长的。天刚破晓，我就驱车起行，穿遍广漠的世界。在许多星球之上，留下辙痕。

离你最近的地方，路途最远，最简单的音调，需要最艰苦的练习。旅客要在每个生人门口敲叩，才能敲到自己的家门，人要在外面到处漂流，最后才能走到最深的内殿。

我的眼睛向空阔处四望，最后才合上眼说：“你原来在这里！”这句问话和呼唤“呵，在哪儿呢？”融化在千股的泪泉里，和你保证的回答“我在这里！”的洪流，一同泛滥了全世界。

——拉宾德拉纳特·泰戈尔《吉檀迦利》冰心　译

在写这篇文章的这周里，认识的两位女朋友，一位刚和丈夫发生了激烈的争吵从家里跑出来，一位正在焦头烂额地办理离婚手续，夫妻双方因为财产分割不能达成一致打得头破血流。

也是在这一周，一架前往叙利亚打击恐怖组织的俄罗斯战机在进入土耳其领空十七秒钟后被土方击落，其中一位飞行员在降落中被叙利亚反政府武装开枪打死。俄罗斯怒气冲天，土耳其向联合国申诉，法国跳出来调停，世界反恐行动还未掀开序幕，各国之间已争吵得沸沸扬扬。

十七秒！造物主在那里，看着人类不好好享受这珍贵而非凡的生命，每天却在为这些并不属于他们的东西，以及那些他们脑子里臆想出来的东西而争执吵闹痛哭流涕时，一定觉得很好笑。

又痛心，又好笑。

然而这些战争，人与人，国与国，自己和自己之间的，还在持续着，每一天，每一刻。每个人都觉得自己是对的，却看不到自己的可笑。

我记得幼时，姑父曾把一张合影给一位“算命大师”看相，“大师”指着照片上笑得没心没肺的我说：“这孩子好，看她笑得多好！”

但也是这个孩子，在她十四五岁的花季前，就常常一个人躲在学校的灌木丛里，因为没有考好的成绩而掉泪；即使后来她如愿考入了两所梦寐以求的知名大学，以优异的成绩完成了本科和研究生阶段的学习，但她依然，常常在和父母通电话时，在谈及她的未来和发展时，莫名地感到恐惧和悲伤。那时，她

无论哪一生哪一世，我们每个人都会顺着那内在寻觅的路，那心中的光，在同一个终点相遇。

会号啕大哭，她害怕自己以后不够成功，不够幸福。在旁人眼里，她依然是爱笑的，但只有她自己知道，那种莫名的挫败感和对不确定未来的恐惧常常如一团阴云一样笼罩在她心灵的上空，吞噬着她原本简单的快乐，也伤害着她与周边一切人的相处。

为摆脱这阴影，二十六岁时，她参加了“世界上最好的工作——大堡礁岛屿看护员”竞选，进入了全球前五十人名单。在大堡礁上，她觉得很多人不快乐，是因为我们没有真正地做着自己想做的事，没有实现梦想。于是她辞去工作，在三家著名企业的赞助下，开始了一趟采访梦想家的环球旅行。

她前后去了二十多个国家，采访了上百位梦想家，她见过挪威公主，采访过波兰的财政部长……她被梦想的光辉照得满面发光，感到人生终于走在了一条通达的路上。她热情洋溢地和人们分享着自己为实现梦想所付出的努力，并坚定地相信，幸福的人生就是要像这样活在梦里。

但一年后，当她用横跨欧洲和美洲的旅行采访给自己送上二十八岁生日礼物时，却发现，她已经完全地活在了最初的梦想中，但快乐却消退了。因为赞助商和合作伙伴们给了她很多期望，而习惯性的要强和骄傲让她逼迫自己一定要做得比别人的期望更高。她再也无心享受这美好的旅行。

“我怎么了？”这一声叩问让她第一次反省了过去近三十年的人生轨迹，并意识到原来她已经实现过很多梦想，但似乎再多梦想都无法让她的内心获得长久的平静和喜乐。幸福，原来和是否实现梦想没什么关系。而她真正追求的，其实不是梦想，而是幸福地度过一生。

我为何有那么多的骄傲和要强？又为什么无论如何努力和做出成绩也依然觉得挫败？那种说不出的自卑是什么？我为何焦虑又恐惧未来？

她发现了问题，却不知道出口，而就在这时，一位女朋友突然邀她："和我去印度吧！"

她从未想过这时去印度，尽管那地方已让她魂牵梦绕了好久。就在这场说走就走的旅行里，她邂逅了大地，邂逅了贫穷，邂逅了病痛，邂逅了差异，邂逅了不公，邂逅了残酷，邂逅了欺骗，邂逅了纯真，邂逅了数不清的生命形态、观点、宗教信仰，邂逅了自己，邂逅了生死，邂逅了造物主。

在瑜伽冥想中，她进入内在，那个她一直以为很了解的内在。但这一次，在毫无执着毫无思虑的静默中，她发现那个她以为很了解很有思想很有个性的"我"其实好可笑，但在"我"背后还有一位更纯粹、更有智慧的主宰，在那里，是她纯真、尊贵而又无比谦卑的真我，在暗处闪亮。

正是借着这点光，她在这条来路上看到了那些年掉过的泪，心里的苦，做过的旅行，走过的道，躲过的海啸、洪水、大地震，她搭过车，打过地铺，沿途借宿，她邂逅过数百位形形色色的人，得到过很多很多的爱。在印度，她一次次地被当地的家庭接纳，他们照顾她，帮助她，教她瑜伽，教她冥想，爱她。他们用爱——

母亲的爱、父亲的爱、姐妹的爱、兄弟的爱，滋养她，融化她。而最后，她理解了这些年所有看似无关的经历之间的必然联系，并开始感受到其背后所饱含的来自上天的无限的关注和爱。

瑜伽，源自梵语，意为连接。它阐释了每个个体与宇宙万物之间那层永恒的联系。在印度经典《奥义书》中，它道出人生的最高目的是“梵我合一”，即与宇宙大我相连。她恍然大悟：原来自己从头到尾所经历的一切其实就是在体验瑜伽本身。看到自己从封闭走向开阔，看到自己的自大和荒谬，看清了个性中的那些“骄傲”“特立独行”，莫名的“孤独感”和“挫败感”来自哪里。自大蒙蔽了她的双眼，怯懦污染了她的心房。

她其实是一滴来自大海的水啊！所以她必须把自己融入大我的海洋，在那里，她才会懂得，原来，我从没孤单过；原来，我是如此深刻地被爱着。

于是，就在那趟旅行的终点，在喜马拉雅的雪山下，她终于降下了自大，谦卑地臣服下来。她在清晨的瑜伽冥想中感受到了生命里那静默的力量，就如飞船在宇宙中的那种静默一样，它其实一直在那里，她体会到了那伟大的胸怀，并感受到了一种一元的喜乐，被爱的幸福。

那时，她终于确信上天是静默而慈爱的。它的爱从来不以肤浅的形象显现，但那爱隐藏在所有戏剧之中。它像准备一份礼物一样把我们精心装备再带到这个世上，给了我们完整的身体，一颗搏动的心脏，新鲜的血液、养分，它一定是希望我们去享受的，享受它完全的创造。而我们却如此荒谬地将彼此隔离，比较，战斗，战争，杀戮，却不知都是来自同一棵大树上的枝叶。但那彼此相认的时刻，终会到来。

我曾经读不懂泰戈尔，但就在这段旅行的终点，我似乎开始理解他试图告诉我们的故事。

我旅行的时间很长，旅途也是很长的。天刚破晓，我就驱车起行，穿遍广漠的世界。在许多星球之上，留下辙痕。

旅客要在每个生人门口敲叩，才能敲到自己的家门，人要在外面到处漂流，最后才能走到最深的内殿。

我的眼睛向空阔处四望，最后才合上眼说："你原来在这里！"

这句问话和呼唤"呵，在哪儿呢？"融化在千股的泪泉里，和你保证的回答"我在这里！"的洪流，一同泛滥了全世界。

为了寻找答案，她曾经孤独地走过很远的路，她曾经自责、自负、自卑、惶恐、恐惧、悲伤、孤独、和人争吵、战斗……和大部分人一样。但没关系，因为最终，无论哪一生哪一世，我们每个人都会顺着那内在寻觅的路，那心中的光，在同一个终点相遇。在那里，同一位母亲，会在那里等我们回来。

余莹，旅行作家。著有《我走了很远的路，才找到家门》《出发，和每个人谈一次梦想》。

微信 | 微博：五点四十的人生

旅客要在每个生人门口敲叩，才能敲到自己的家门，人要在外面到处漂流，最后才能走到最深的内殿。

Chapter 6

人就像一所客栈，
每个早晨都有新的
客旅光临。

关于女人自己的空间

——你需要知道的几件小事

专访央金拉姆

藏族心灵音乐家、第一位中国籍格莱美音乐奖得主，她是一位清净而欢喜的现代女修行人，今生的心愿是以心灵音乐和自性禅舞帮助女性觉醒。著有《心灵女战士：快乐女人觉醒六法》。

1. 独立空间

Q：女作家弗吉尼亚·伍尔芙曾经说过："A woman must have money and a room of her own if she is to write fiction."（女人要想写小说，必须有钱和一间属于自己的房间。）

是否每个女人都应该有这样一个属于自己的“独立空间”，这个空间意味着什么？

A：不一定是一个单独的房间，但是需要一个独立的、很容易安住下来的空间。我们透过创造外在的空间，整理自己的内心，就可以找到自己内心的空间。

2. 创造空间

Q：如何为自己创造一个专属空间？

A：首先把家里多余的东西清理干净；

大部分人家里的东西都太多，我们需要学会不断清理自己的家，一个房间一个房间开始清理。先明确一个房间的功能是什么，哪些东西非要不可，哪些是没用或多余的。只要感觉多余，就清理出来送给有需要的人。

这样做有两个好处，一方面可以让房子变得更加清静，另一方面可以练习布施，这样你会变得越来越快乐。经常做这个功课，你会发现，在简单的生活中就会出现不可思议的快乐。

Q：怎样在陌生环境里迅速营造一个让身心舒适的空间？

A：首先我会看看东西摆放的格局是否舒服，之后要把没有必要的多余的东西清理掉。把凌乱的东西摆整齐，马上就会出现一个比较舒服的空间来。之后点藏香或自然精油。空间的光线非常重要，我非常喜欢点蜡烛，或者是低瓦的纸灯，不喜欢用白色的强灯光。然后还可以放一些舒缓身心的音乐。

3. 维护空间

Q：在平常生活中，如何维护自己的空间？

A：经常地整理家务，把多余的东西清理和整理清楚。家里保持干净整洁很重要。多余的东西都清理掉，自然就会有空间出现。

4. 心灵空间

Q：除了外在的空间，如何给自己创造心灵上的空间？

A：透过禅修，也透过禅舞。

Q：什么样的事情，会破坏心灵空间？

A：自我的烦恼。当烦恼来袭时，回到心中的空间，烦恼自然脱落。

Q：对于在职场和家庭中忙碌的女性，在个人空间的营造上，您有哪些建议？

A：哪怕是一个小角落，只要能帮助你安住下来的空间就行。

在家里找到让自己安住的空间

这个安住的空间是可以创造的，不是随便给自己摆张桌子就完了，你要用内心感觉，哪里感觉起来很舒适。

你需要一个坐下来就不想动的地方，不是多么豪华，也不是多大的空间，那是一个让自己心灵休息的安静角落。去感觉家里有什么地方适合自己。要具有安全感，不会被打扰，是一个很放松安静、温暖舒服的小空间。

心静下来，慢慢就会找到这样的一个地方。放一个小垫子，或者是舒服的矮沙发。让身心能够静下来，观看自己的心，这样效果比较好。你可以在这个小地方培养一个能量的磁场，一坐下来马上就能静下来，疏解疲劳，能量就会集中起来，变成是你随时恢复能量的小站。

——央金拉姆
《心灵女战士：快乐女人觉醒六法》

通过种花把女人丢失的美找回来

种花是为了养心，为了培养生活情趣。周末到花市去买些自然的小野花、小花盆，甚至是些简单的园艺书籍。你会觉得很好玩，而且会在种花时发现，不是你在种花，而是花在帮你把逝去童年的美丽纯真带出来，因为花就是我们内心的反射，这就是“借境练心”！

女人天生就喜欢美。女孩还小的时候，就喜欢玩花花草草，看到美的花，喜悦就会升起，所以我们可以找到丢失的童女之美。她就在我们的心里，只是我们暂时把她藏起来了。

厨房是女人练习爱心的地方

厨房是练习慈悲和爱心最直接的地方，可以直接把爱的能量放在每一道饭菜里面。爱的能量可以用很多渠道传递，能量就像是一股电流，而我们是电流的传导器。首先要有电，也就是爱心，再通过我们的意念，流到我们的手，传达到每道饭菜里面。这个练习是一定要保持当下一颗清净的心，才可以传达到这样的效果。

厨房一定要干净整洁。

做菜的时候，有正面的好心情非常重要。

我做菜的时候喜欢放轻松的音乐，听着音乐，心情就会很好，做菜变成了一个制造美丽心情的过程。

饭用心做，就会好吃，有好的能量。

禅修是让你能慢慢找到真正快乐的方法。我们会苦，主要是因为我们无法控制自己的心。而禅修就是专门让你了解自己的心的方法。

禅修的两大秘诀

第一个秘诀是：少量多次。
最好的禅修（静坐）方法是每次时间短，一天多做几次。初学的人，哪怕每次只有三五分钟都好，但要尽量多做几次。如果一天能有十几次短短的禅修，一星期下来就会觉得生命变得不同了。

第二个秘诀是：觉就是禅修。
只要你保持觉性，就是在禅修。当你习惯在静坐时保持觉性，慢慢地就会发现，在日常生活中，你随时随处都可以禅修。

只与食物对话
不问尘世，卸下面具

文／张际星

每个人在生活中都扮演着不同的角色，面对不同的人，遇到不同的事，都会呈现出不同的状态来，高兴的、冷静的、严肃的、愤怒的、悲伤的、失望的、无奈的……也许，几乎忘记了自己本来该是什么样子？也许，是时候从生活中暂时抽离，哪怕是为自己做一餐美味，在这一段与自己相处的时光里，不问尘世，卸下面具，只与食物对话，听听它们告诉我们的道理。

今年夏天，我要面对恋人突如其来的背叛，迷茫、失望、遍体鳞伤……

继续走，无力前行；

停下来，荒凉一片；

只能逃离。

什么都不想，一个人逃到清迈，钻进好友 Yui 的厨艺学校，闷头去学做泰国菜，这也许是我想到唯一能够化解治愈的方式了。

炎夏午后，Yui 问我有什么特别想学的菜，我突然想起当年在清迈街头喝过一碗冬阴功清汤。冬阴功汤是我最喜欢的泰国菜之一，可是国内餐厅里的冬阴功汤，大多是盛在精美铜锅中，汤面上浮着一层红辣油，汤头附着厚重的香料味道，一口汤里全是料渣，边喝边吐；或是装在椰子壳里，汤体浓稠几乎成糊，分不清是咖喱还是椰浆，奶油完全覆盖了植物香草的清香，越喝越渴。要知道，最好喝的冬阴功汤绝对不在五星酒店或者顶级餐厅，却是十年前在清迈街头夜市路边摊面贩卖的古法冬阴功汤。

依稀记得那是用外面还裹了一层塑料袋的普通搪瓷碗盛着的，碗里的汤体透明清澈，汤面上零星漂着几片蘑菇或番茄，本以为会寡味，一勺清汤入口，酸爽柔顺，汤头咸鲜，微辣跳跃，后味回甜。没想到一口清汤竟有如此丰富的味道，且层次分明、错落有致，至今难忘。

Yui 点点头，这可是道古法功夫汤，不同于餐馆里用调料和开水冲兑的汤，需要时间和耐心。

煮起一小锅水，将香茅拍散，横竖切成两种不同的寸段，投入开水中，小火慢煮，渐渐地，香茅的清鲜随着升腾的水汽飘散出来。之后，再将三只虾头放入锅中，红色的虾头油在翻腾的汤水中化成一抹橙色又逐渐消散。再将红色洋葱碎丢进锅，接下来是洋姜片、番茄丁、蘑菇块、朝天椒和新鲜香叶，经过近二十分钟的小火慢煮、逐一加料，汤中呈现出五色的食材汇聚，各色香气四溢，可神奇的是汤头却始终澄清。最后，再加入去皮大虾、棕糖水、鱼露少许和青柠汁，出锅的时候再放入些香菜点缀提味。

整道菜的制作过程需要半个多小时，不断地调整火候，还要不时地加水进去，人不能离开一刻。令我惊讶的是，这道冬阴功汤竟然完全没有添加任何调味料，味精或冬阴功调味包之类的一概不用，味道却比高档餐馆里的扎实丰富许多。

端起自己烹制的人生中第一碗冬阴功汤，汤体清明，食材五色、斑彩错置，令人愉悦。一口汤如魂：清新酸爽的味道中，我突然看到了当年青涩害羞的自己，初踏出国门留学，食欲大开地张望世界；这时，虾肉的咸香偷跑出来，仿佛是我当年决绝地回国，义无反顾地过上四平八稳、自认为安稳的白领生活，平稳安全，听天由命；忽然，鲜辣的味道跳脱出来，在舌尖跳跃翻腾，令人精神一振！这还是我，瞬息梦醒，摧毁一切，从零开始，痛并快乐；味道回落，丝丝回甘，正如我现在的生活，恢复平静，变幻精彩，即使偶遇失落沮丧，内心却安宁笃定。此刻的这碗汤，比起我十年前喝到的味道更加五味深刻，回味无穷。

一碗汤，在时间的烹调中，呈现出不同的存在状态，从最初的寡淡单一，到最后的酸、咸、苦、辣、甜，而十余种各色食材还能同时达到平衡和统一，也堪称神奇。

突然顿悟了！

仔细回想这段不如意的感情中每一寸心境——

受宠若惊，有时；斟字酌句，有时；暗自欢喜，有时；隔空传情，有时；战战兢兢，有时；独自等待，有时；失落沮丧，有时；小鹿乱撞，有时；心怀牵挂，有时；痴情幻望，有时；悲伤屏气，有时；决绝心碎，亦有时。

可是，竟没有一刻让我舍得倒回、重来、放下、错过。

其实，我们的生活不正如烹饪一碗冬阴功汤，在时间长河中，一点一点地丰富着自己的经验和阅历，在不同的人生阶段呈现出不同的状态，扮演着不同的角色，散发出不同的味道。此刻的我，也只不过是还没加入虾肉或者番茄的冬阴功汤，尚未完成，谈何圆满；而此刻低落的状态，在匆匆光阴里也一定不会停留太久，因为还会有更多的食材和味道等着加入、等着遇见、等着融合，皆是精彩。

而至于哪一款冬阴功汤才是最终呈现的理想状态呢？

于我，当然是选择这款钟爱多年的古法冬阴功清汤了。不会像颜色美艳的红辣酸汤那般浮夸复杂，汤头一喝便知是通过调味料勾兑出来的味道，不够层次，缺乏内涵；又不会如白汤般香腻油滑，汤体浑浊，加入太多心思，已喝不出冬阴功的本味。我宁愿是一碗清汤，清亮到底，富有层次，平衡淡定，却最为包容。做人本应如此。

每当自己孤独无助或茫然混乱的时候，不如暂时抽离，走进厨房，为自己烹制一餐美味，而食物中的道理和顿悟，也只有自己知道。

张际星（Jessie），从文艺吃货到顶级餐饮品牌营销专家，生活方式作家，西餐文化推广的布道者。BTV 生活频道、旅游卫视、中央人民广播电台 FM101.8 等多档美食类节目嘉宾，并担任多家杂志生活方式专栏作者。

女人最好的状态

文／江泓

在生活中寻找一种释放和表达的方式

每次做完瑜伽的感觉就像初春：柳树发着新芽，桃花包着骨朵，红叶李面色绯红，缥缈梦幻。一切都轻盈、新鲜，充满欣欣然的力量。

似乎每一个细胞都在舒缓而深入地呼吸，旧的，呼出；新的，吸进……身心如同一根洁白羽毛，不受重力牵引，在蓝天映衬下，飞翔，旋转，旖旎……

瑜伽的一个体位“天线式”，十个手指大大张开，伸向天空。用心去做能够感知手心微微发热，接收更多能量和讯息。十几年的瑜伽练习，不是为了减肥，不是为了锻炼，也不介意体式的难易，沉浸于放弃大脑、身心合一的感觉，得到彻底的休息和能量补给。就像朝开夜合的花，经过一夜间隔和调整，第二天再开，焕然一新，丝毫不见倦怠与挣扎。

爱因斯坦研究物理之余，喜欢拉小提琴；王石盖房子之外，热衷登山；小区保安小哥没事就唱《我的太阳》；单位保洁大姐夜夜写作……他们在生活的另一面寻找到释放和表达的方式，在刚硬和枯燥之外寻找弹性和诗意的感知。

这些都和我的瑜伽异曲同工，是舒缓、放松自己的方式。贾宝玉说“女人是水做的骨肉”，千万别误会，他指的是十几岁的小女孩，三十几岁的就是“婆子”，有多远走多远。不能怪他，也许那水真的不够清澈了。当年龄不再鲜嫩得可以掐出水来，人容易像装进压缩袋，变得干瘪不温润。感知器官好像也变得迟钝，对细节和变化视若无睹，只是粗糙地过活，不管满面风霜，还是戴着厚厚的脂粉面具。变老并不可悲，可悲的是被钝化、压抑的柔情和生长感。

将悠然和静观带入生活

有一种说法：什么时候开始练习瑜伽，年龄便停止在那个岁数。当然不相信也不理会，这说法本身就不够瑜伽。瑜伽于我是陀螺一样旋转的生活中，停顿一个休止符，放弃念头，放弃思想，没有目标，全然放松在自己和自然里。在这样身心合一的停顿之后再出发，就多了一份淡然和从容，也多了一份觉知和警醒，身心温润妥帖。

当然不只是瑜伽，舞蹈、绘画、手工、歌唱、养花或者发呆，任何一种，只要能让你沉浸其中，宁静专注，脑子里不再念头纷争，心里也没有杂草丛生，就会有澄净、滋润的感觉。

一直敬重一对夫妻：作为妇科医生的妻子是业内一流专家，从事电视技术职业的丈夫是典型的业务人才。闲暇时间，妻子喜欢填写旧体诗词，丈夫最爱弹琴吹箫，听过一段他们用手机制作的音频，悠扬的箫声伴随着清脆的古诗诵读，诗一般的生活。

那就是他们的“瑜伽”，经历那样的澄净和滋润，已过知天命之年的妇科专家，身材苗条挺拔，目光炯然纯净，笑起来，拨开云雾见太阳一般，还有着少女的纯真和羞涩。内心的保鲜带来自信，能够坦然接受岁月变迁，即使皱纹爬满脸庞，也依然目光清澈，神态安详。

就算伊能静、徐若瑄这些看上去的不老童颜，也没见过素颜下的她们，更不知道如果没有一些现代手段，所有肌肤是否还可以紧绷不下坠。岁数长了，除了年龄往上长，其他都往下掉。无须排斥和对抗，借助瑜伽、舞蹈、歌唱、写作、手工、发呆甚至工作，任何一种让你的心清静如水、不再长草的方式，恢复悠然和静观的能力。

将那份悠然和静观带入生活，便有心境把目光投向平素无暇顾及的小情小景，一颗心随之柔软。很喜欢一个词，“且听风吟”，当心安静下来，感官会变得格外敏锐，捕捉到季节轮回的美感，接受大自然带来的生命暗示。

目睹栖息在对面屋檐上的那只小鸟，怎样用嘴把自己一根尾羽啄过身形和小小的头，在自己玲珑的后背勾勒出一个优美的拱状曲线；注视一只早起的鸟，怎样叼着一只肥大的青虫飞过清晨的蓝天，落在一根枯枝上；打量一只蝗虫高高的腰际，惊艳它曼妙的身材曲线。

感叹造物主的神奇，感受不同生命的相通之处，这样的感受带来更多氧气和水分，欣欣然的感觉，就像雨后的树，有一种洁净的力量，一种生长的力量，一种敏锐的力量，更直接和全然地体验生命的丰厚与细腻。

瑜伽、音乐、绘画、舞蹈甚至洗碗、拖地，凡能带来美好感觉的方式都会唤醒身心的感知，这种感知又会滋养身心，从而体会到内心的涌动和丰富。

这样的感知让身心也有四季轮回似的，每年春天都会生出细嫩的、新鲜的芽。一直在生长——那种喜悦和自信是自我圆满，没有缝隙，没有缺漏，不生不灭，不垢不净，不增不减，带来最大的安全感。内在已经可以自我调节、平衡，很少在意外人的看法和评论，对他人的需求和依赖只是锦上添花，而非必不可少，那何尝不是一种自由？

不管日子如何琐碎，保持觉知和轻盈，保持诗意和柔软，保持每年春天抽出嫩叶，就是一个女人最好的状态。

女人渐渐老去并没有那么可怕，反而应该有一份庆幸。可怕的是，停止生长，丧失新鲜，那才是真正的枯萎。就在这万物生长的春天，让我们一起生出一片嫩叶。就这样兀自生长，就这样越来越自信，越来越柔软，也越来越坚定。

美丽源自生活方式

文/郭涛

我们知道，有的日子，你充满了灵感；有的日子，你却无精打采。如果你还固执地认为这一切都是“听天由命”的话，那你的灵魂还真是住在了一个租来的“房子”里。因为，真正牢固的“家”是无论外面多大的风雨都会保护你，让你充满阳光。

慢慢唤醒自己的身体，建立与灵魂的连接。走上瑜伽垫，去收获瑜伽的益处，经历自由、轻盈和欣喜。

好玩儿的晨间序列，让能量流动起来：顺时针

瑜伽有利于精神健康，并减轻压力，已经被越来越多的例子证实，所以有很多公司开始开展关注员工内心的课程。有助于员工们的思维清晰，清理纷扰思绪，可以让员工拥有一个帮助他们在工作和生活中做出清晰、理智决定的大脑和健康充沛的身体。

美丽源自生活方式，这个观点得到现代科学的支持。压力和睡眠不足会导致皮质醇激素分泌增多，引发炎症，分解使皮肤紧实光滑的胶原蛋白。真正的美丽不是体现在你的外表，而是身体能量充沛的状态，身心平衡的完全效应。当一个人能量充沛到要把这正能量传播出去时，当他们有耐心、关爱、能量与他人分享时，那就是美。这样的美无法抗拒，这就是瑜伽的生活方式。

郭涛，FOR YOGA 的创建人之一，也是 FORKISS 孕期俱乐部的运营总监，著有《产后瘦身快快快》。

心灵的曼陀罗

图文 / 喜咪卜

什么是曼陀罗？

曼陀罗原是梵文 Mandala 的音译，它与禅宗里沉思冥想的视觉工具一样，不过方式不同而已，它在一个圆里呈现出宇宙的秩序，表达真实的潜意识、内省的经验、特别的心灵图案，使人能够全神贯注地观照本我。瑞士心理学家荣格在遭遇生命瓶颈期时，曾专注于曼陀罗的绘画与记录，他发现我们每一个人的内心都是分裂的，以至于我们需要“曼陀罗”让它整合起来——通过精密的图腾、坛场能量、几何中的体结构奥秘，以及色彩的力量，可以连接我们内在的圆满力，创造强有力的能量圈。

悉昙曼陀罗系统的根本方式就是更加原始和没有束缚地，探索内在心灵和回归精神源头的方式，除了呈现和表达，更重要的是可以转化信念，一念万物生，当“我”是“我的潜意识”的表达时，我们可以在心灵的源头加入积极正向的信念，并且不断在曼陀罗绘画里加深正向信念的力量，呈现的味道就会慢慢被品味出来，你也更加能够去了解到自己内在和这个世界的关系是怎么运作的，每个人随着直觉选出来的每个颜色背后都有一种语言，告诉我们当下的喜怒哀乐。悉昙曼陀罗与普通绘画的最大区别是，绘画常常想要模拟复制出眼见为实的世界，悉昙曼陀罗没有实像，少很多执着，存在于暗示里，它是抽象的色彩流动，它不是你深思熟虑，不是你模仿而来，是自发的独一无二地被画出来的。所以，在画曼陀罗之前，觉察自己、觉察身体、觉察呼吸，万缘放下脑海空的感受是最重要的，这是拥有静心品质的绘画过程。

曼陀罗与心灵的关系

女性蜕变的其中一个重要内容是：真正了解清楚自己的价值所在并且生发力量。这是女性自由、独立和尊重的前提。我认识一位非常有才华的纪录片女导演，她有一次很认真地跟我分享："她会觉得自己的手很难看，她青少年的时候从来不在人前展示双手！"我非常吃惊，在我看来她是多么有灵气、多么有能力的女人，她的手温暖有力，但是这看似微不足道的语言，表达她内在深刻的自卑，所以她变成一个疯狂奉献的女人，她全世界圈钱，打理柴米油盐，完全做大后方，支持她自闭症的男友去拍纪录片，她认为他更重要，他值得拥有，他有一天会让世界看见他的才华，这个有一天没有到，这个有一天是十几年，十几年的天数到了的时候他们分手了，他找到了更大的施主。为什么我们总给世界一个惊讶的结果？我们当着世界的面辜负自己。我们活着，但不活出自己的光彩。她的曼陀罗是褐色的。

女人是诗，女人是神灵的翅膀，够绚丽够轻盈够柔软，但是又有了不起的承载力。每个人都来自女人，都是女人的孩子。女人们带动整个世界的孩子们在宇宙里飞翔！有时候有些阶段，美好的女人变得又湿又重，层层包裹和附着在不同的苦痛中，在关于能量的描述里，湿和重的能量，是向下延伸的能量，可能进入大地，可能进入炼狱，无论进入哪里，都不可怕，因为我们转化自我的力量是不可阻挡的！

对于人们的日常工作与生活，曼陀罗有怎样的帮助？

不仅仅在每日的静心里，去感受曼陀罗的舞蹈，在实际生活的层面，它也是无处不在的，我的一位朋友搬了新居，开心万分，相约大家在新居聚会喝茶，所有人在房子里穿梭浏览一圈，都觉得空间里少了点聚气的方寸之地，大家便一起琢磨，到底是哪部分出了问题？哪部分没有考虑到？突然我的灵感来了，找到玄关的墙，说在此地挂一张曼陀罗吧，但不是市场上随意买来的图，是你自己依据房子的感觉，并与你的感觉相印之后画出来的，不要担心你画得不够好看，这不是艺术品，这是你家凝聚能量之气的曼陀罗。于是朋友欣然取笔，画了几张小图，待手熟气聚之后慢火功夫画了一张大曼陀罗置于玄关，房间氛围变得安然，再喝茶去，大家都觉得舒心，愿意无限地待一待，懒一懒。

气场好的地方都是滋养我们并补充我们需要的地方，家是与我们最为紧密的地方，所以家里的气场要善加调整。那么曼陀罗为何能调整气场呢？首先曼陀罗有凝聚之力，凝聚是曼陀罗里很有意思、很值得仔细探讨的部分，也很值得在我们的生活里不经意地呈现。

如何创造一个属于自己的曼陀罗？

不可言说，曼陀罗不是依赖语言的描述可以体验，“想”画曼陀罗，想的本身就是缘起，去试试真正动手画一张曼陀罗，启动是最重要的新生及转化力量！

形容特别美好的当下是：今日

今日记载着我们过去所有的记忆，所以在今日，邀请你画第一张自己的曼陀罗。对于从来没有画过曼陀罗的你来讲，只需要准备一套小彩铅，一本大素描本和一只圆规，然后，慢慢安静下来，闭上眼睛，匀静地呼吸，心跳的声音就出来了。万缘放下脑海空时，睁开眼睛，感受面前的圆，去选择最吸引你注意力的颜色，用你的方式将圆涂满，之所以用开阔的技法来进入曼陀罗，就是要你以最大的自由牵引内在的色彩和图案，不受任何形式和概念制约，于是，关于你的故事开始了……而你的故事，就是整个宇宙的故事，会在色彩和光里面次第开花。

色彩和结构是解读曼陀罗的基本要素。我们欢喜的时候，喜欢明亮的颜色；忧伤的时候，喜欢灰色的暗黑调子；生气愤怒时，喜欢强烈冲击力的复杂调子……同样如此，在形状里，圆形有很多的包容性，它是安全感的一个状态，三角形是将循环的力量慢慢凝聚，并逐渐将它们导引到一个爆发的方向上，放射形是不断突破和释放的过程……

这是集体潜意识里，大家对色彩和形状的共同感受，我们可以观照自己的曼陀罗，感受色彩图案与我们的情绪状态的响应，它总会给我们一些意料不到的启发。很多时候，我们已经知道答案和真实的需要，但总是被蓝天之上的浮云干扰，曼陀罗是风吹浮云见蓝天的时刻。

不要严谨地学究式地去绘制曼陀罗，相信自己内在小孩的部分，你就是一个用色彩游戏的孩子，孩子带着某种无畏的天性，热烈地快乐地去涂鸦，感受笔与纸的质感，欢快的、自在的、随心所欲的落笔感觉，能够放松，就是很好的开始。

悉昙曼陀罗单色内观冥想语：蓝色，看见蓝色，我们开始去感受蓝色，它从我们双足开始向外延伸，它拉开我的时空，我们就这样原地站着或者坐着，就可以面对一个非常广大的蓝色空间：无边无际的蓝色天空，自由地飞翔；无边无际的蓝色海洋，自由地游动；无边无际的蓝色意识，自由地表达……假如我们在站立展望的同时，闭上双目，会发现我们的身体开始有清凉沿着经脉四处游走，并且越来越扩大。蓝色的觉受不是温暖迷离，是清晰流动，我们持续观想："头顶蓝天，脚踏大地，面对大海，蓝色的海水慢慢地涌上来。轻轻地拍打着你的身体，呼吸的节奏调整成为海浪的节奏，每一次海水的拍打都是递进的净化，慢慢地，海水会越来越充盈，最后，海水会通过你，通过你的每一个身体的细胞，为每个可以呼吸的细胞注入蓝色的能量……”慢慢地待一会儿，开始倒计时七个深呼吸，回到当下，没有比这更清透的色彩洗浴了，练习结束后，人会感受到身心非常洁净明亮的感觉。然后开始选出所有的蓝色笔，开始绘制曼陀罗。

悉昙曼陀罗，吉祥成就一切美好和喜悦！

喜咪卜，悉昙曼陀罗艺术心灵疗愈师、悉昙曼陀罗水晶能量创始人、藏密唐卡画家。

练习一

完成一张蓝色调子的单纯色彩的曼陀罗。单纯的曼陀罗绘制包括选择和使用深浅不同的蓝色。悉昙曼陀罗单色图有着独特的意义，它拥有专注和挖掘的毅力。

练习二

不要严谨地学究式地去绘制曼陀罗，相信自己。请完成这张曼陀罗的填色，完全无意识自在地去填色。完成之后，观察一下你用了几个颜色，颜色是暖色还是冷色，它们之间的比例如何，感受内在世界的温度。